刘薰宇◎著

那些实用的数学概念

民主与建设出版社
·北京·

前 言

本书是著名的数学教育家刘薰宇，针对孩子们在学习中所需要掌握的数学知识，专门为孩子们编写的一套数学科普经典图书。本书内容丰富，作者用幽默风趣的文字和对数学的严谨态度，讲述了和差问题、差倍问题、和倍问题、工程问题、相遇问题、追及问题、时钟问题、年龄问题、工程问题、利润和折扣问题、流水问题、列车过桥问题、植树问题等典型数学应用题问题，以及系统地阐述了函数、连续函数、诱导函数、微分、积分和总集等概念及它们的运算法的基本原理，引导孩子了解数学，明白学习数学的意义，点燃孩子学习数学的热情。

此外，本书中搜集了许多经典的趣味数学题目，如鸡兔同笼、韩信点兵等，以及大量贴近日常生活的案例，作者通过大量图表，步骤详尽地讲述了如何通过作图来求解一些四则运算问题，既开拓了孩子的思维，又提升了数学学习能力！这样一来，看似枯燥的数学变得趣味十足，孩子能在轻松阅读的过程中，做到真正掌握数学，所以本书非常适合中小学生自主阅读。

在学习中，让孩子对学习充满热情远比强迫孩子去记住某一知识点更重要。为了更好地呈现刘薰宇先生原著的魅力，本书结合现今孩子的阅读习惯，进行了重新编绘。

首先，本书版式精美，形式活泼，加入了富有趣味性的插画，增加孩子阅读的兴趣；其次，我们在必要的地方，精心设计了“知识归纳”“知识拓展”“例题思考”“小问题”等多个板块，引导孩子快速获取本节的重点；最后，本书的内容难易适度，与孩子在学习阶段的教学基本内容紧密相关，让孩子在快乐阅读中不仅能巩固数学知识，还能运用数学中的知识去解决生活中遇到的一些问题。

总之，本书的最终目的和宗旨就是为了让孩子能更轻松愉快地学好数学。

好了，不多说了，快来翻开这本书吧！让我们随着《数学真有趣儿》，开启充满乐趣的数学之旅吧！

目 录

诱导函数的几何表示法

表示函数 $y=x$ 的曲线

举一个非常简单的例吧！设若那已知的函数是 $y=x$，表示它的曲线是什么？

先随便选一个 x 的值，例如 $x=2$，那么相应于它的 y 的值也是 2，所以相应于这一对值的曲线上的一点，就是从 $x=2$ 和 $y=2$ 这两点画出的两条垂线的交点。同样，由 $x=3$，$x=4$…… 我们就得出 $y=3$，$y=4$…… 并且得出一串相应的点。连接这些点，就是我们要找的表示我们的函数的曲线。

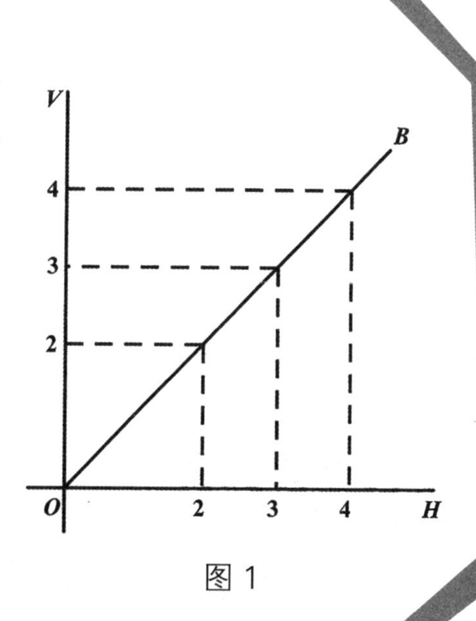

图 1

我想，倘若你要挑剔的话，一定捉到了一个漏洞！不是吗？图上画出的明明是一条直线，为什么在前面我们却亲切地叫它曲线呢？但是，朋友！一个人终归能力有限，写说明的时候，那图的影儿还不曾有一点，哪儿会知道它是一条直线呀！若是画出图来是一条直线，便返回去将说明改过，现在看来，好像我是“未卜先知”了，成什么话呢？

我们说是曲线的变成了直线，这只是特别的情形，说到特别，朋友！我告诉你，接下来要举的例子，真是特别得很，它不但是直线，而且和水平线 OH 以及垂直线 OV 所成的角还是相等的，恰好 45 度，就好像你把一张正方形的纸对角折出来的那条折痕一般。

原来是要讲切线的，话却越说越远了，现在回到本题上面来吧。为了确定切线的意义，先设想一条曲线 C，在这曲线上取一点 P，接着过 P 点引一条割线 AB 和曲线 C 又在 P' 点相交。

请你将 P' 点慢慢地在曲线上向着 P 点这边移过来，你可以看出，当你移动 P' 点的时候，AB 的位置也跟着变了。它绕着固定的 P 点，依着箭头所指的方向慢慢地转动。到了 P' 点和 P 点碰在一起的时候，这条直线 AB 便不再割断曲线 C，只和它在 P 相交了。换句话说，就是在这个时候，直线 AB 变成了曲线 C 的切线。

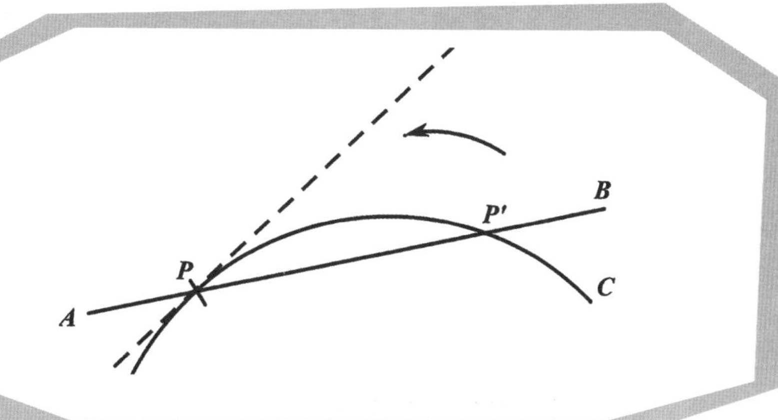

图 2

再用到我们的水平线 OH 和垂直线 OV。

设若曲线 C 表示一个函数。我们若是能够算出切线 AB 和水平线 OH 所夹的角，或是说 AB 对于 OH 的倾斜率，以及 P 点在曲线 C 上的位置。那么，过 P 点就可以将 AB 画出了。

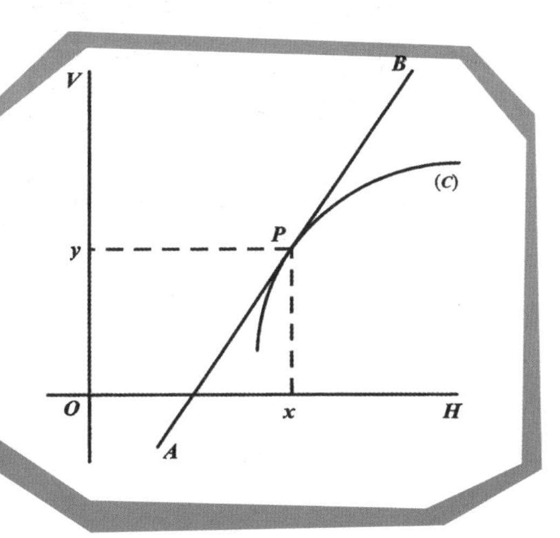

图 3

呵，了不起！这么一来，我们又碰到难题目了！

怎样可以算出 AB 对于 OH 的倾斜率呢？

朋友，不要慌！你去问造房子的木匠去！你去问他，怎样可以算出一座楼梯对于地面的倾斜率。

你一时找不着木匠去问吧？！那么，我告诉你一个法子，你自己去做。

计算倾斜率的方法

你拿一根长竹竿，到一堵矮墙前面去。比如那矮墙的高是 2 米，你将竹竿斜靠在墙上，竹竿落地的这一头恰好距墙脚 4 米。

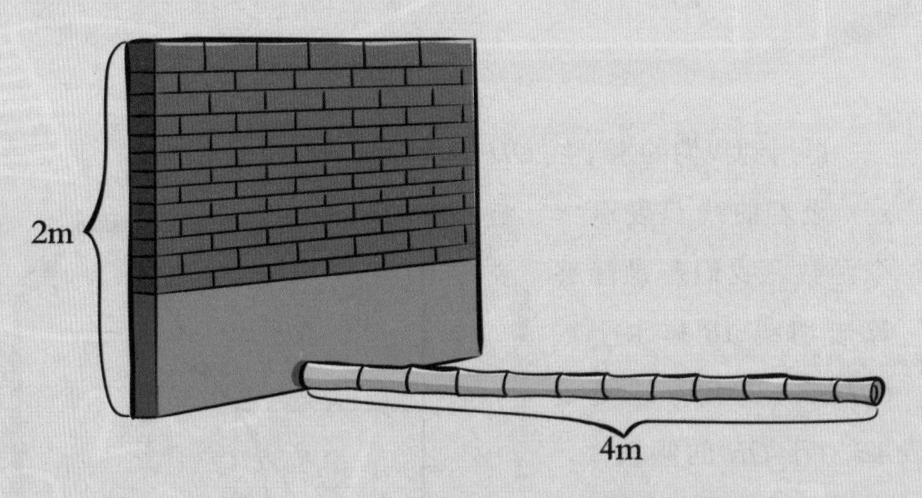

这回你已经知道竹竿靠着墙的一点离地的高和落地的一点距墙脚的距离，它们的比恰好是：$\frac{2}{4}=\frac{1}{2}$

这个比值就决定了竹竿对于地面的倾斜率。

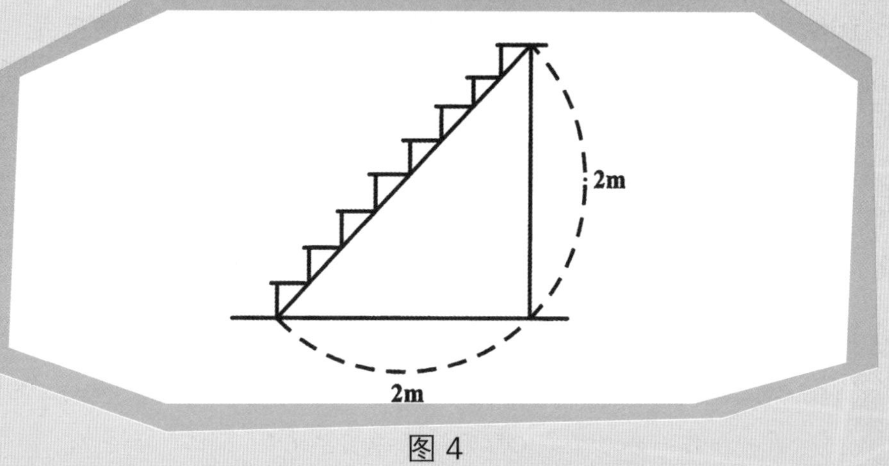

图 4

假如，你将竹竿靠到墙上的时候，落地的一头距墙脚2米，就是说恰好和靠着墙的一点离地的高相等。那么它们俩的比便是：$\frac{2}{2}=1$

你应该已经看出来了，这一次竹竿对于地面的倾斜度比前一次陡。

假如我们要想得出一个$\frac{1}{4}$的倾斜率，竹竿落地的一头应当距墙脚多远呢？

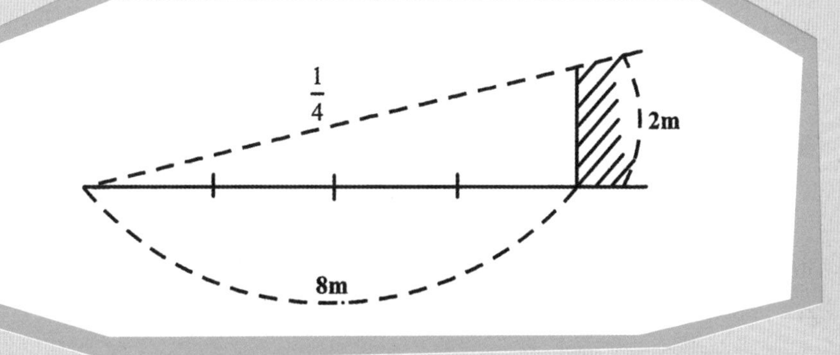

图 5

只要使这个距离等于那墙高的4倍就行了。倘若你将竹竿落地的一头放在距墙脚8米远的地方，那么，$\frac{2}{8}=\frac{1}{4}$恰好是我们所想求的倾斜率。

总括起来，简单地说，要想算出倾斜率，只需知道“高”和“远”的比。

快可以得出一个结论了，让我们先把所有要用来解答这个切线问题的材料集拢起来吧。

第一，作一条水平线 OH 和一条垂直线 OV；第二，画出我们的曲线；第三，过定点 P 和另外一点 P' 画一条直线将曲线切断，就是说过 P 和 P' 画一条割线。

先不要忘了我们的曲线 C 是用下面一个已知函数表示的：

$$y=f(x)$$

设若相应于 P 点的 x 和 y 的值是 x 和 y，相应于 P' 点的 x 和 y 的值是 x' 和 y'。从 P 画一条水平线和从 P' 所画的垂直线相交于 B 点。我们先来决定割线 PP' 对于水平线 PB 的倾斜率。

这个倾斜率，和我们刚才说过的一样，是用“高” $P'B$ 和“远” PB 的比来表示的，所以我们得出下面的式子：

$$PP'\text{的倾斜率}=\frac{P'B}{PB}$$

到了这一步很清楚，我们所要解决的问题是："用来表示倾斜率的比，能不能由曲线函数的帮助来计算呢？"

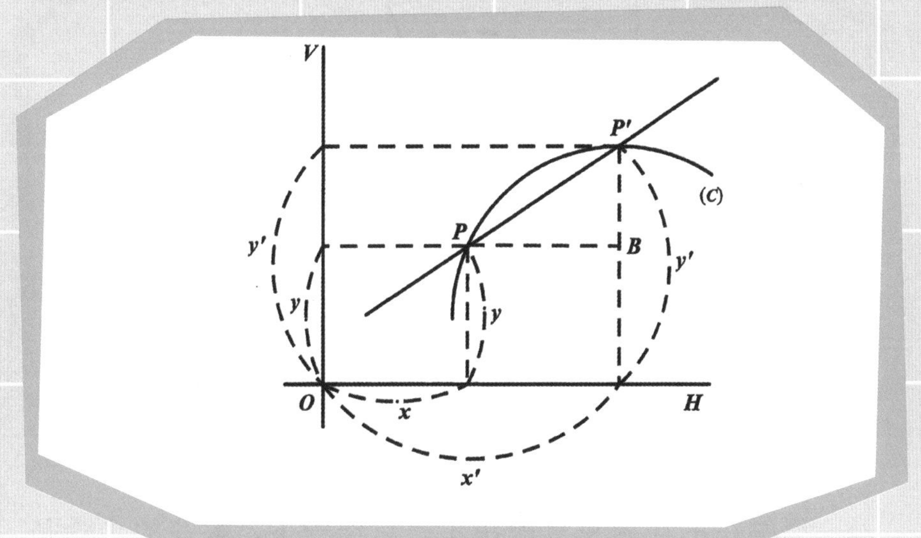

图 6

看着图来说话吧。由上图我们可以很容易地看出来，水平线 PB 等于 x' 和 x 的差，而"高度" $P'B$ 等于 y' 和 y 的差。将这相等的值代进前面的式子里面去，我们就得出：

$$\text{割线的倾斜率}=\frac{y-y}{x'-x}$$

跟着，来计算 P 点的切线的倾斜率，只要在曲线上使 P' 和 P 挨近就成了。

P' 挨近 P 的时候，y' 便挨近了 y，而 x' 也就挨近了 x。这个比 $\frac{y'-y}{x'-x}$ 跟着 P' 的移动渐渐发生了改变，P' 越近于 P，就越近于我们所要找到表示 P 点的切线的倾斜率的那个比。

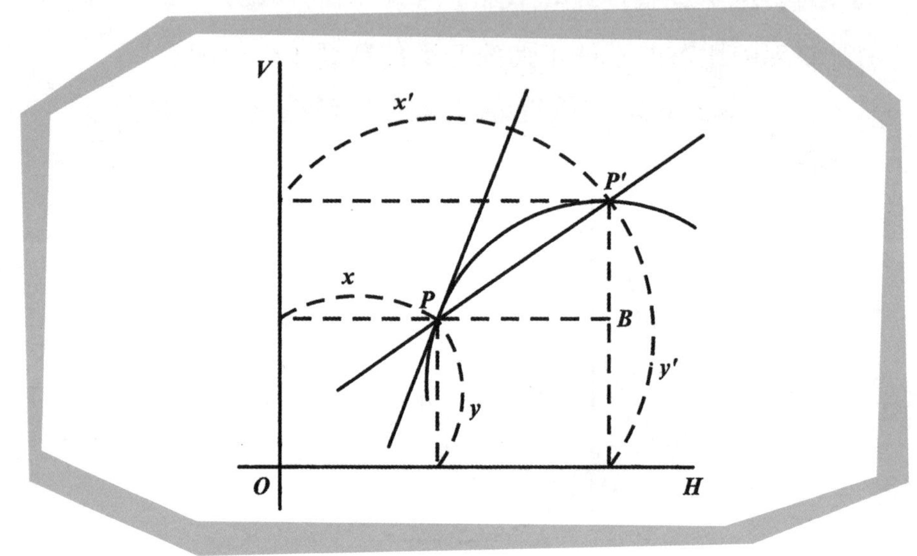

图 7

要解决的问题总算解决了。总结一下，解答的步骤是这样：

知道了一条曲线和表示它的一个函数，那曲线上的任一点的切线的倾斜度就可以计算出来。所以，通过曲线上的一点，引一条直线，若是它的倾斜率和我们已经算出来的一样，那么，这条直线就是我们所要找的切线了！

说起来啰里啰唆的，好像很麻烦，但实际上要去画它，并不困难。即如我们前面所举的例子，设若 y' 很近于 y，x' 也很近于 x，那么，这个比 $\frac{y'-y}{x'-x}$ 跟着便很近于 $\frac{1}{2}$ 了。因在曲

线上的 P 点，那切线的倾斜率也就很近于 $\frac{1}{2}$。我们这里所说的“很近”，就是使得相差的数无论小到什么程度都可以的意思。

我们动手来画吧！过 P 点引一条水平线 PB，使它的长为 2 厘米，在 B 这一头，再画一条垂直线 Ba，它的长是 1 厘米，最后把 Ba 的一头 a 和 P 连接起来作一条直线。这么一来，直线 Pa 在 P 点的倾斜率等于 Ba 和 PB 的比，恰好是 $\frac{1}{2}$，所以它就是我们所要求的在曲线上 P 点的切线。

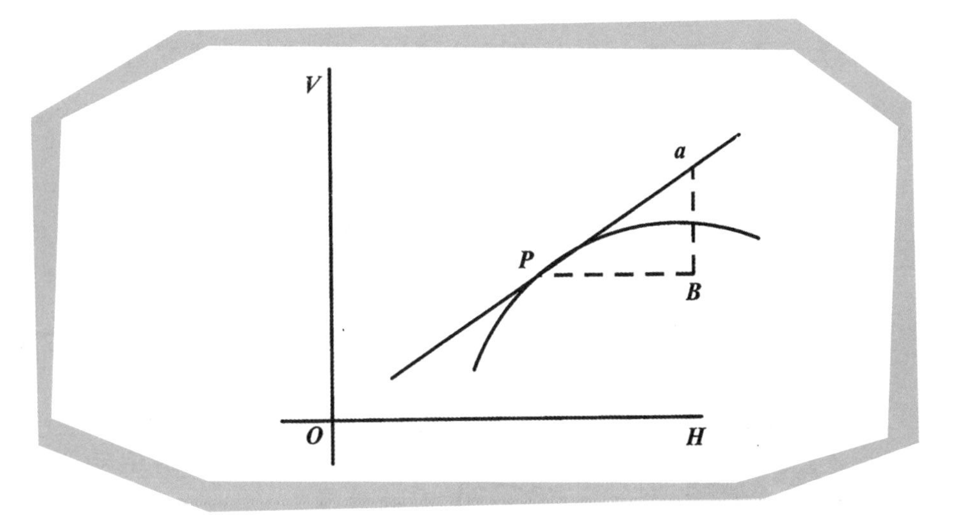

图 8

对于切线的问题。我们算是有了一个一般的解答了。但是，我问你，一直说到现在，我们所解决的都是一些特别的例子，能不能用到一般的已定曲线上去呢？

还不能呢！还得要用数学的方法，再进一步找出它的一般的原理才行。不过要达到这个目的，并不困难。我们再从我们所用的方法当中仔细探究一番，就可以得到一个称心如意的回答了。

我们所用的方法含有什么性质呢？

假如我们记清楚从前所说过的：什么连续函数咧，它的什么变化咧，这些变化的什么平均值咧……这一类的东西，将它们来比照一下，对于我们所用的方法，一定更加明了。

一条曲线和一个函数，本可以看成完全一样的东西，因为一个函数可以表示出它的性质，也可以用图形表示出来。所以，一样的情形，一条曲线也就表示一个点的运动情形。

为了要弄清楚一个点的运动情形，我们曾经研究过用来表示这运动的函数有怎样的变化。研究的结果，将诱导函数的意义也弄明白了。我们知道它在一般的形式下面，也是一个函数，函数一般的性质和变化它都含有。

认为函数是表示一种运动的时候，它的诱导函数，就是表示每一刹那间，这运动所有的速度。抛开运动不讲，在一般的情形当中，一个函数的诱导函数含有什么意义呢？

诱导函数在函数上的意义

我们再来简单地看一下，诱导函数是怎样被我们诱导出来的。对于变数，我们先使它任意加大一点，然后从这点出发去计算所要求的诱导函数。就是找出相应于这点变化，那函数增加了多少，接着就求这两个增加的数的比。

因为函数的增加是依赖着变数的增加，所以我们跟着就留意，在那增加的量很小很小的时候，它的变化是怎样的。

这样的做法，我们已说过很多次，而结果仍旧是一样的。

那增加的量无限小的时候，这个比就达到一个固定的值。中间有个必要的条件，我们不要忘掉，若是这个比有极限的时候，那个函数是连续的。

将这些情形和所讲过的计算一条曲线的切线的倾斜率的方法比较一下，我们仍旧一头雾水，它们实在没有什么区别吗？

最后，就得出这么一个结论：一个函数表示一条曲线，函数的每一个值都相应于那曲线上的一点，对于函数的每一个值的诱导函数，就是那曲线上相应点的切线的倾斜率。

这样说来，切线的倾斜率便有一个一般的求法了。这个结果不但对于本问题很重要，它简直是微积分的台柱子。

这不但解释了切线的倾斜率的求法，而且反过来，也就得出了诱导函数在数学函数上的抽象的意义。正和我们为了要研究函数的变化，却得到了无限小和它的计算法，以及诱导函数的意义一样。

再多说一句，诱导函数这个宝贝，非常玲珑。你讲运动吧，它就表示这运动的速度；你讲几何吧，它又变成曲线上一点的切线的倾斜率。你看它多么活泼、有趣！

用诱导函数表示运动的速度

索性再来看看它还有什么把戏可以耍出来。

诱导函数表示运动的速度，就可以指示出那运动有什么变化。

在图形上，它既表示切线的倾斜率，又有什么可以指示给我们看的呢？

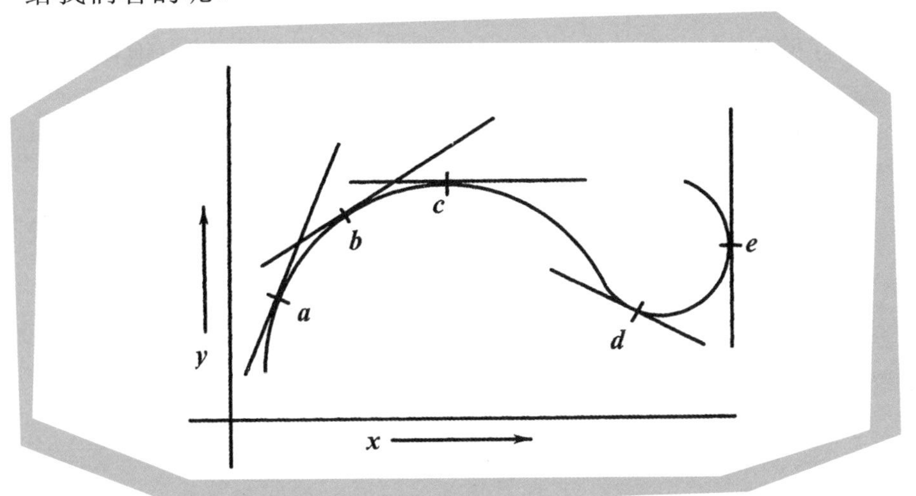

图 9

设想有一条曲线，对了，曲线本是一条弯来弯去的线，它在什么地方有怎样的弯法，我们有没有方法可以表明呢？

从图上看吧，在 a 点附近曲线弯得快些。换句话说，x 的距离越大，而相应的 y 的距离越大。这就证明在 a 点的切线，它的倾斜度更陡。

在 b 点呢，切线的倾斜度就较平了，切线和水平线所成的角也很小，x 和 y 的距离增加的强弱相差也不大。

至于 c 点，倾斜度简直成了零切线，和水平线近乎平行，x 的距离尽管增加，y 的值总是老样子，所以这条曲线也很平。接着下去，它反而向下弯起来，就是说，x 的距离增加，y 的值反而减小。在这里，倾斜度就改变了方向，一直降到 d 才又回头。从 c 到 d 这一段，因为倾斜度变了方向的缘故，我们就说它是“负的”。

最后，在 e 点倾斜度成了直角，就是切线与垂直线几乎平行的时候，这条曲线变得非常陡。x 若只无限小地增加一点的时候，y 的值还是一样。

知道了这个例子后，对于诱导函数的研究，它有多大，它是正或负，都可以指示出曲线的变化来。这正和用它表示速度时，可以看出运动的变化情形一样。

你看！诱导函数这么一点儿小家伙，它的花招有多少！

06 无限小的量

量本来是抽象的，为了容易想象，我们前面说诱导函数的效用和计算法的时候，曾经找出运动的现象来做例。现在要确切一点地来讲明白数学的函数的意义，我们用的方法虽然和前面用过的相似，但要比它更一般些。

诱导函数的一般定义

诱导函数的一般的定义是怎样的呢？

从以前所讲过的许多例子中，可以看出来：诱导函数是表示函数的变化的，无论那函数所倚靠的变数小到什么地步，

总归可表示出函数在那儿所起的变化。诱导函数指示给我们看，那函数什么时候渐渐变大和什么时候渐渐变小。它又指示给我们，这种变化什么时候来得快、什么时候来得慢。而且它所能指示的，并不是大体的情形，简直连变数的值虽只有无限小的一点变化，函数的变化状态也指示得非常清楚。因此，研究函数的时候，诱导函数实在占据着很重要的位置。关于这种巧妙的方法的研究和解释，以及关于它的计算的发明，都是非常有趣的。它的发明十分奇异，结果又十分丰富，这可算是一种奇迹吧！

然而追根究底，它不过是从数学的符号的运用当中诱导出来的。不是吗？我们用 Δ 这样一个符号放在一个量的前面，算它所表示的量是无限小的，它可以逐渐减小下去，而且是可以无限地减小下去的。我们跟着就研究这种无限小的量的关系，便得出诱导函数这一个奇怪的量。

起源虽很简单，但这些符号也并不是就可以任意诱导出来的。照我们前面已讲明的看来，它们原是为了研究任何函数无限小的变化的基本运算才产生的。它逐渐展开的结果，对于一般的数学的解析，却变成了一个精确、恰当的工具。

这也就是数学中，微分学这一部分，又有人叫它是解析数学的原因。

一直到这里，我们已经好几次说到，对于诱导函数这一类东西，要给它一个精确的定义，但始终还是没有做到，这总算一件憾事。原来要抽象地了解它，本不容易，所以只好慢慢地再说吧。单是从数学计算的实际上，是不能再找到这些东西的定义了，所以只好请符号来说明。一开始举例，我们就用字母来代表运动的东西，这已是一种符号的用法。

后来讲到函数，我们又用到下面这种形式的式子：

$$y=f(x)$$

这式子自然也只是一个符号。这符号所表示的意思，虽则前面已经说过，为了明白起见，这里无妨再重述一遍。x 表示一个变数，y 表示随了 x 变的一个函数。换句话说就是：对于 x 的每一个数值，我们都可以将 y 的相应的数值计算出来。

在函数以后讲到诱导函数，又用过几个符号，将它连在一起，可以得出下面的式子：

$$y'=\lim_{\Delta x\to 0}\frac{\Delta y}{\Delta x}$$

y' 表示诱导函数，这个式子就是说，诱导函数是：当 Δx 以及 Δy 都近于零的时候，$\frac{\Delta y}{\Delta x}$ 这个比的极限。再把话说得更像教科书式一些，那么：

诱导函数是：“当变数的增量 Δx 和增量 Δy 都无限减小时，Δy 和 Δx 的比的极限。”到了这极限时，我们另外用一个符号 $\frac{dy}{dx}$ 表示。

朋友！你还记得吗？一开场我就说过，为这个符号我曾经碰了一次大钉子，现在你不费吹灰之力就看见了它，总算便宜了你。你好好地记清楚它所表示的意义吧！用场多着呢！有了这个新符号，诱导函数的式子又多一个写法：

$$\frac{dy}{dx}=y'$$

dy 和 dx 所表示的都是无限小的量，它们同名不同姓，dy 叫 y 的“微分”，dx 叫 x 的“微分”。在这里，应当注意的是：dy 或 dx 都只是一个符号，若看成和代数上写的 ab 或 xy 一般，以为是 d 和 y 或 d 和 x 相乘的意思，那就大错了。好比一个人姓张，你却叫他一声弓长先生，你想，他会不会对你失敬呢？

从 $\frac{dy}{dx}=y'$ 这式子变化一番，就可得出一个很重要的关系：

$$dy=y'dx$$

这就是说："函数的微分等于诱导函数和变数的微分的乘积。"

我们已经规定清楚了几个数学符号的意思：什么是诱导函数、什么是无限小、什么是微分。现在就用它们来研究和分解几个不同的变数。

对于这些符号，老实说，也可以像其他符号一样，用到各种各样的计算中。但是有一点要非常小心，和这些量的定义矛盾的地方就得避开。

闲话少讲，还是举几个例子出来，先举一个最简单的。

假如 S 是一个常数，等于三个有限的量 a、b、c 与三个无限小的量 dx，dy，dz 的和，我们就知道：

$$a+b+c+dx+dy+dz=S$$

在这个式子里面，因为 dx、dy、dz 都是无限小的变量，而且可以任意使它们小到不可用言语表达出来的地步，因此干脆一点，我们简直可以使它们都等于零，那就得出下面的式子：

$$a+b+c=S$$

你又要捉到一个漏洞了。早先我们说芝诺把无限小想成等于零是错的，现在我却自己马马虎虎地也跳进了这个圈子。但是，朋友！小心之余还得小心，捉漏洞，你要看好了它真是一个漏洞，不然，近视眼看着墙壁上的一只小钉，以为是苍蝇，一手拍去，对钉子来说没有什么大碍，然而手该多痛啊！

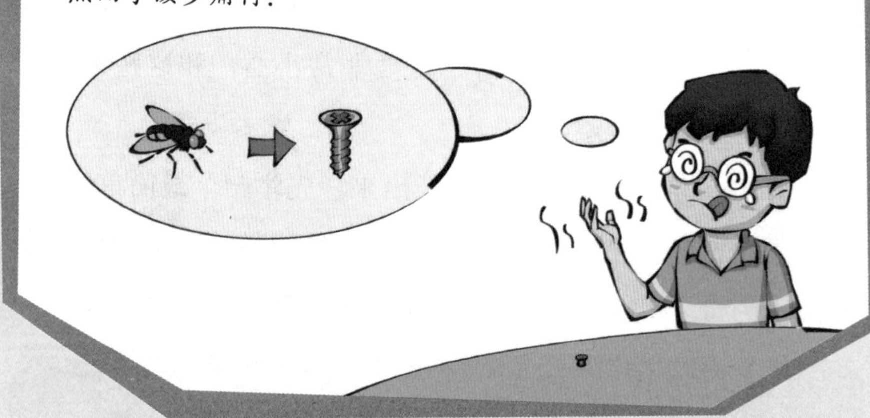

在这个例子中，因为S和a、b、c都是有限的量，不能偷换，留几个小把戏夹杂在当中跳去跳来，反而不雅观，这才可以干脆说它们都等于零。

芝诺所谈的问题，他讲到无限小的时间，同时讲到无限小的空间，两个小把戏跳在一起，那就马虎不得，干脆不来了。所以假如一个式子中不但有无限小的量，还有另一个无限小的量相互关连着，那我们就不能硬生生地说它们等于零，将它们消去，我们在前面不是已经看到过吗？

无限小和无限小关连着，会得出有限的值来。

朋友！有一句俗话说："一斗芝麻拈一颗，有你不多，无你不少。"但是倘若就只有两三颗芝麻，你拈去了一颗，不是只剩二分之一或三分之二了吗？

无限小可以省去和不省去的条件你明白了吗？无限大也是一样的。

上面的例子是说，在一个式子当中，若是含有一些有限的数和一些无限小的数，那无限小的数通常可以略掉。假如在一个式子中所含有的，有些是无限小的数，有些却是两个无限小的数的乘积。小数和小数相乘，数值便越乘越小。一个无限小的数已经够小了，何况是两个无限小的数的乘积呢？因此，这个乘积对于无限小的数，同前面的理由一样，也可以略去。假如，有一个下面的式子：

$$dy=y'dx+dvdx$$

在这里面 dv 也是一个无限小的数，所以右边的第二项便是两个无限小的数的乘积，它对于一个无限小的数来说，简直是无限小中的无限小。对于有限数，无限小的数可以略去。同样地，对于无限小的数，这无限小中的无限小，也就可以略去。

两个无限小的数的乘积，对于一个无限小的数说，我们称它为二次无限小数。同样地，假如有三个或四个无限小数相乘的积，对于一个无限小的数（平常我们也说它是一次无限小的数），我们就称它为三次或四次无限小的数。通常二次以上的，我们都称它们为高次无限小的数。假如，我们把有限的数，当成零次的无限小的数看，那么，我们可以这样说：在一个式子中，次数较高的无限小数对于次数较低的，通常可以略去。所以，一次无限小的数对于有限的数，可以略去，二次无限小的数对于一次的，也可以略去。

在前面的式子当中，我们已经知道，若两边都用同样的数去除，结果还是相等的。我们现在就用 dx 去除，于是得出：

$$\frac{dy}{dx}=y'+dv$$

在这个新得出来的式子当中，左边 $\frac{dy}{dx}$ 所含的是两个无限小的数，它 dx 们的比等于有限的数 y' 。这 y' 我们称为函数 y 对于变数 x 的诱导函数。因为 y' 是有限的数，dv 是无限小的，所以它对于 y' 可以略去。因此，$\frac{dy}{dx}=y'$ 或是两边再用 dx 去乘，这式子也是不变的，所以：

$$dy = y'dx$$

这个式子和之前比较，就是少了那两个无限小的数的乘积（$dv\ dx$）这一项。

这一节到此结束，我们再换个新鲜的题目来谈吧！

二次诱导函数、加速度、高次诱导函数

数学上的一切法则，都有一个应当留意到的特性，就是无论什么法则，在它成立的时候，使用的范围虽然有一定的限制，但我们也可尝试一下，将它扩充出去，用到一切的数或一切的已知函数。我们可将它和别的法则联合起来，使它能够产生更大的效果。

呵！这又是一段“且夫天下之人”一流的空话了，还是举例吧。

在算术里面，学了加法，就学减法，但是它真小气得很，只允许你从一个数当中减去一个较小的数，因此有时就免不了要碰壁。比如从一斤中减去八两，你立刻就回答得出来，

还剩半斤。但是要从半斤（按当时的计量单位，1 斤 =16 两）中减去十六两，你还有什么法子？碰了壁就完了吗？

人总是不服气的，越是触霉头，越想往那中间钻。除非你是懒得动弹的大少爷，或是没有力气的大小姐，碰了壁就此罢手！那么，在这碰壁的当儿，额角是碰痛了，痛定思痛，总得找条出路。

从半斤中减去十六两怎么减呢？我们发狠一想，便有两条路：一条无妨说它是“大马路”，因为人人会走，特别是大少爷和大小姐喜欢去散步。这是什么？其实只是一条不是路的路，我们干干脆脆地回答三个字“不可能”。

你已说不可能了，谁还会再为难你呢，这不是就是不了了之了吗？然而，仔细一想，朋友，不客气说，咱们这些享有四千多年文化的黄帝的子孙，现在弄得焦头烂额，衣食都不能自给，就是上了这不了了之的当。

“不可能！不可能！”老是这样叫着，要自己动手，推脱是不行的。连别人明明已经做出的，初听见乍看着，因为怕动脑，也还说不可能。

见了火车，有人和你说，已经有人发明了可以在空中飞的东西，你心里会想到“这不可能”；见了一根一根搭在空中的电线，别人和你说，现在已有不要线的电报、电话了，你心里也会想到“这不可能”……

朋友！什么是可能的呢？请你回答我！你不愿意答应吗？我替你回答：

老祖宗传下来的，别人做现成的，都可能。此外，那就要看别人，和别人的少爷、小姐，好少爷、好小姐们了！”呵！多么大气量！

对不起，笔一溜，说了不少废话，而且也许还很失敬，不过我还得声明一句，目的只有一个，希望我们不要无论想到什么地方都只往“大马路”上靠，我们的路是第二条。

法则的扩充和推广

我们从半斤中减去十六两碰了壁，我们硬不服，创造出一个负数的户头来记这笔苦账，这就是说，将减法的定义扩充到正负两种数。不是吗？

你欠别人十六两高粱酒，他来向你讨，偏偏不凑巧你只有半斤，你要还清他，不是差八两吗？“差”的就是负数了！

法则的扩充，还有一条路。因为我们将一个法则的限制打破，只是让它能够活动的范围扩大起来。但除此以外，有时，我们又要求它能够简单些，少消耗我们一点儿力量，让我们在其他方面也去活动活动。

举个例子说，一种法则若是要重复地运用，我们也可以想一个方法来代替它。比如，从150中减去3，减了一次又一次，多少次可以减完？这题目自然是可能的，但真要去减谁有这样的耐心！没趣得很，是不是？于是我们就另开辟一条行人便道，那便是除法。将3去除150就得50。要回答上面的问题，你说多少次可减完？同样地，加法，若只是同一个数尽管加了又加，也乏味得很，又另开辟一条路，挂块牌子叫乘法。

话说回来，我们以前讲过的一些方法，也可以扩充它的应用范围吗？也可以将它的法则推广吗？

讲诱导函数的时候，我们限定了对于 x 的每一个值，都有一个固定的极限。所以，我们就知道，对于 x 的每一个值，它都有一个相应的值。归根结底，我们便可以将诱导函数 y'

看成 x 的已知函数。结果，一样地，也就可以计算诱导函数 y' 对于 x 的诱导函数，这就成为诱导函数的诱导函数了。我们叫它二次诱导函数，用 y'' 表示。

其实，要得出一个函数的二次诱导函数，并不是难事，将诱导函数法连用两次就好了，比如前面我们拿来做例的：

$$e = t^2 \quad (1)$$

它的诱导函数是：

$$e' = 2t \quad (2)$$

将这个函数，照 $d=5t$ 的例计算，就可得出二次诱导函数：

$$e'' = 2 \quad (3)$$

二次诱导函数对于一次诱导函数的关系，恰和一次诱导函数对于本来的函数的关系相同。一次诱导函数表示本来的函数的变化，同样地，二次诱导函数就表示一次诱导函数的变化。

我们开始讲诱导函数时，用运动来做例，现在再重借它来解释二次诱导函数，看看能不能衍生出什么玩意儿。

以运动为例，解释二次诱导函数

我们曾经从运动中看出来，一次诱导函数是表示每一刹那间一个点的速度。所谓速度的变化究竟是什么意思呢？

假如一个东西，第一秒钟的速度是4米，第二秒钟是6米，第三秒钟是8米，这速度越来越大，按我们平常的说法，就是它越动越快。若是说得文气一点，便是它的速度逐渐增加，你不要把“增加”这个词看得太呆板了，所谓增加也就是变化的意思。所以速度的变化，就只是运动的速度的增加，我们便说它是那运动的“加速度”。

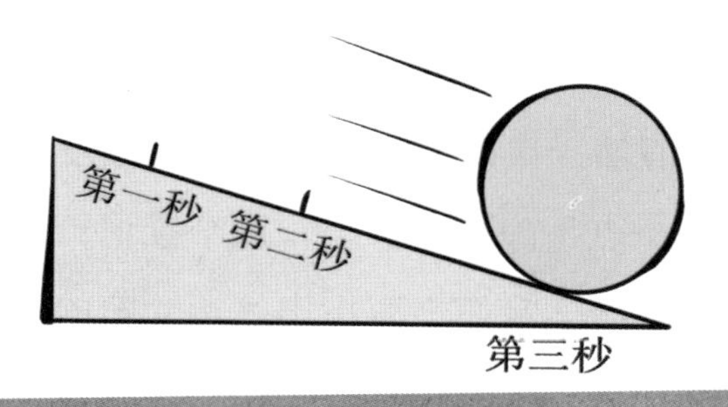

要想求出一个运动着的点在一刹那间的加速度，只需将从前我们所用过的求一刹那间的速度的方法，重复用一次就行了。不过，在第二次的时候，有一点必须加以注意：第一次我们求的是距离对于时间的诱导函数，而第二次所求的却是速度对于时间的诱导函数。结果，所谓加速度这个东西，便等于速度对于时间的诱导函数。我们可以用下面的一个式子来表示这种关系：

$$加速度\frac{dy'}{dt}=y''$$

因为速度是用运动所经过的空间对于时间的诱导函数来表示，所以加速度也只是这运动所经过的空间对于时间的二次诱导函数。

有了一次和二次诱导函数，应用它们，对于运动的情形我们更能知道得清楚些，它的速度的变化是怎样一个情景，我们便可完全明了。

假如一个点始终是静止的，那么它的速度便是零，于是一次诱导函数也就等于零。

反过来，假如一次诱导函数，或是说速度等于零，我们就可以断定那个点是静止的。跟着这个推论，比如已经知道了一种运动的法则，我们想要找出这运动着的点归到静止的时间，只要找出什么时候，它的一次诱导函数等于零，那就成了。

随便举个例来说，假设有一个点，它的运动法则是：

$$d=t^2-5t$$

由以前讲过的例子，t^2 的诱导函数是 $2t$，而 $5t$ 的诱导函数是 5，所以：

$$d' = 2t - 5$$

就是这个点的速度，在每一刹那 t 间是 $2t-5$，若要问这个点什么时候静止，只要找出什么时候它的速度等于零就行了。但是，它的速度就是这运动的一次诱导函数 d' 。所以若 d' 等于零时，这个点就是静止的。我们再来看 d' 怎样才等于零。它既等于 $2t-5$，那么 $2t-5$ 若等于零，d' 也就等于零。因此我们可以进一步来看 $2t-5$ 等于零需要什么条件。我们试解下面的简单方程式：

$$2t-5=0$$

解这个方程式的法则，我相信你没有忘掉，所以我只简洁地回答你，这个方程式的根是 2.5。假如 t 是用秒做单位的，那么，便是 2.5 秒的时候，d' 等于零，就是那个点在开始运动 2.5 秒后归于静止。

现在，我们另外讨论别的问题，假如那点的运动是等速的，那么，一次诱导函数或是说速度，是一个常数。因此，它的加速度，或是说它的速度的变化，便等于零，也就是二次诱导函数等于零。一般的情况，一个常数的诱导函数总是等于零的。

又可以掉过话头来说，假如有一种运动法则，它的二次诱导函数是零，那么它的加速度自然也是零。这就表明它的速度老是一个样子没有什么变化。从这一点，我们可以知道，一个函数，若它的诱导函数是零，它便是一个常数。

再接着推下去，若是加速度或二次诱导函数，不是一个常数，我们又可以看它有什么变化了。要知道它的变化，不必用别的方法，只要找它的诱导函数就行了。这一来，我们得到的却是第三次诱导函数。在一般的情形当中，这第三次诱导函数也不一定就等于零的。假如，它不是一个常数，就可以有诱导函数，这便成第四次的了。照这样尽管可以推下去，不过连续地重复用那诱导函数法罢了。无论第几次的诱导函数，都表示它前一次的函数的变化。

这样看来，关于函数变化的研究是可以穷追下去的。诱导函数不但可以有第二次的、第三次的，简直可以有无限次数的。这全看那些数的气量如何，只要不是被我们追过几次便板起脸孔，死气沉沉地成了一个常数，我们才可以就此停手。

局部诱导函数和变化

怎样求长方体的体积？

朋友，你对火柴盒一定不陌生吧？它是长方形的，有长，有宽，又有高，这你都知道，不是吗？对于这种有长、有宽，又有高的东西，我们要计算它的大小，就得算出它的体积。算这种火柴盒的体积的方法，算术里已经讲过了，是把它的长、宽、高相乘。因此，这三个数中若有一个变了一点儿，

它的体积也就跟着变了，所以可以说火柴盒的体积是这三个量的函数：设若它的长是 a，宽是 b，高是 c，体积是 v，我

们就可得出下面的式子：

$$v=abc$$

假如你的火柴盒是燮昌公司的，我的却是丹凤公司的，你一定要和我争，说你的火柴盒的体积比我的大。朋友！空口说白话，绝对不能让我心服，你有办法向我证明吗？你只好将它们的长、宽、高都比一比，找出燮昌的盒子有一边，或两边，甚至三边，都比丹凤的盒子要长些，你真能这样，我自然只好哑口无言了。

我们借这个小问题做引子，来看看火柴盒这类东西的体积的变化是怎样的。先假设它的长 a，宽 b 和高 c 都是可以随我们的意思伸缩的，再假设它们的变化是连续的，好像你用打气筒套在足球的橡皮胆上打气一样。火柴盒的三边既然是连续地变，它的体积自然也得跟着连续地变，而恰好是三个变数 a, b, c 的连续函数。到了这里，我们就有了一个问题："当这三个变数同时连续地变的时候，它们的函数 v 的无限小的变化，我们怎样去测量呢？"

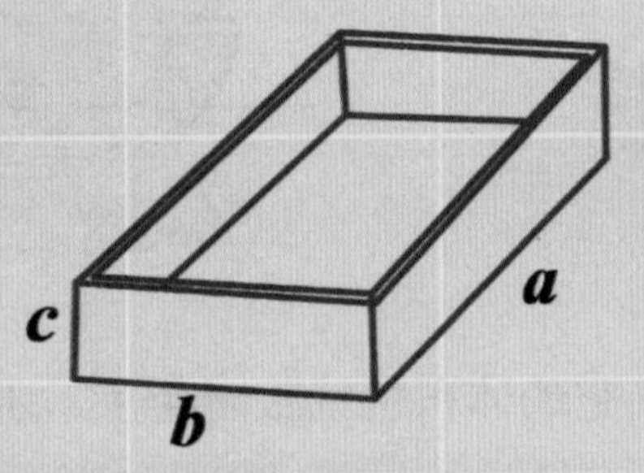

以前，为了要计算无限小的变化，我们请出了一件法宝——诱导函数来,不过那时的函数是只依赖着一个变数的。现在，我们就来看这件法宝碰到了几个变数的函数时，还灵不灵。

第一步，我们能够将下面的一个体积。

$$v_1=a_1b_1c_1$$

由以下将要说到的非常简便的方法变成一个新体积：

$$v_2=a_2b_2c_2$$

开始，我们将这体积的宽 b_1 和高 c_1 保持原样，不让它改变，只使长 a_1 加大一点儿变成 a_2。

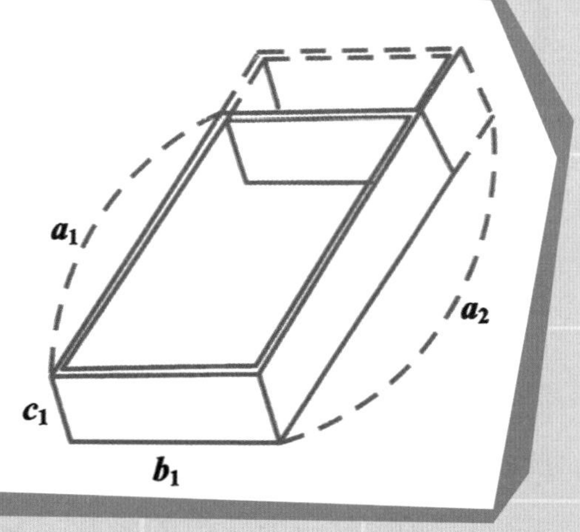

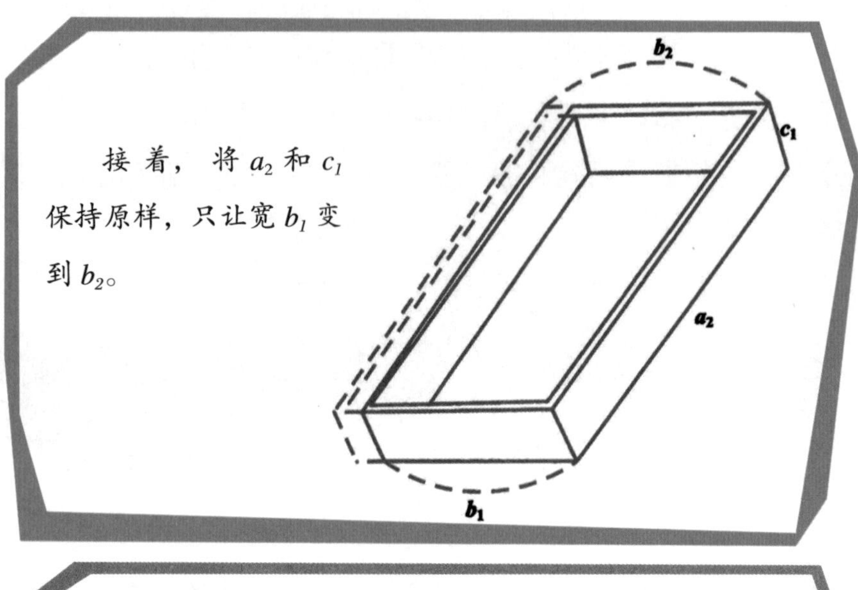

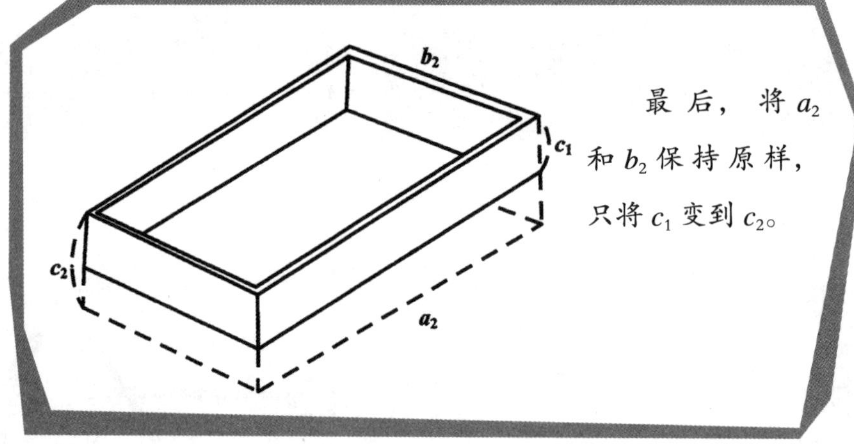

局部诱导函数

这种方法，我们用了三个步骤使体积 $v1$ 变到 $v2$ 的，每一次我们都只让一个变数改变。

只依赖着一个变数的函数，它的变化，我们以前是用这个函数的诱导函数来表示。

同样的理由，我们每次都可以得出一个诱导函数来。不过这里所得的诱导函数，都只能表示那函数的局部的变化，因此我们就替它们取一个名字叫“局部诱导函数”。从前我们表示 y 对于 x 的诱导函数用 $\frac{dy}{dx}$ 表示，现 dx 在，对于局部诱导函数我们也用和它相似的符号表示，就是：

$$\frac{\partial v}{\partial a},\ \frac{\partial v}{\partial b},\ \frac{\partial v}{\partial c}$$

第一个表示只将 a 当变数，第二个和第三个相应地表示只将 b 或 c 当变数。

你将前面说过的关于微分的式子记起来吧！

$dy=y'dx$

同样地，若要找 v 的变化 dv，那就得将它三边的变化加起来，所以：

$$dv=\frac{\partial v}{\partial a}da+\frac{\partial v}{\partial b}db+\frac{\partial v}{\partial c}dc$$

dv 这个东西，在数学上管它叫“总微分”或“全微分”。

由上面的例子，推到一般的情形，我们就可以说：

“几个变数的函数，它的全部变化，可以用它的总微分表示。这总微分呢，便等于这函数对于各变数的局部微分的和。”所以要求出一个函数的总微分，必须分次求出它对于每一个变数的局部诱导函数。

09 积分学

数学的园地里，最有趣味的一件事，就是许多重要的高楼大厦，有一座向东，就一定有一座向西，有一座朝南，就有一座朝北。使游赏的人，走过去又可以走回来。而这些两两相对的亭台楼阁，里面的一切结构、陈设、点缀，都互相关连着，恰好珠联璧合，相得益彰。

不是吗？你会加就得会减，你会乘就得会除；你学了求公约数和最大公约数，你就得学求公倍数和最小公倍数；你知道怎样通分的原理，你就得懂得怎样约分；你知道乘方的方法还不够，必须要知道开方的方法才算完全。原来一反一正不只是做文章的大道理呢！加法、乘法……算它们是正的，那么，减法、除法……恰巧相应地就是它们的还原，所以便是反的。

什么是积分法

假如微分法算是正的，有没有和它相反的方法呢？

朋友！一点儿不骗你，正有一个和它相反的方法，这就是积分法。倘使没有这样一个方法，那么我们知道了一种运动的法则，可以算出它在每一刹那间的速度，有人和我们开玩笑，说出一个速度来，要我们回答他这是一种什么运动，那不是糟了吗？他若再不客气点儿，还要我们替他算出在某一个时间中，那运动所经过的空间距离，我们怎样下台？

假如别人向你说，有一种运动的速度，每小时总是 5 里，要求它的运动法则，你自然会不假思索地回答他：

$$d = 5t$$

他若问你，八个钟头的时间，这运动的东西在空间经过了多长距离，你也可以轻轻巧巧地就说出是 40 里。

但是，这是一个极简单的等速运动的例子呀！碰到的若不是等速运动，怎么办呢？

倘使你碰到的是一个粗心马虎的阔少，你只要给他一个大致的回答，他就很高兴，那自然什么问题也没有。不是吗？咱们中国人是大方惯了的，算什么都四舍五入，又痛快又简单。你去过菜市场吗？你看那卖菜的虽是提着一杆秤在称，但那秤总不要它平，而且称完了，买的人觉得不满足，还可任意从篮子里抓一把来添上。在这样的场合，即使有人问你什么速度、什么运动，你可以很随便地回答他。其实呢，在日常生活中，本来用不到什么精密的计算，所以上面提出的

问题，若为实际运用，只要有一个近似的解答就行了。

近似的解答并不难找，只要我们能够知道一种运动的平均速度就可以了。

举一个例子，比如，我们知道一辆汽车，它的平均速度是每小时 40 公里，那么，5 小时它“大约”行驶了 200 公里。

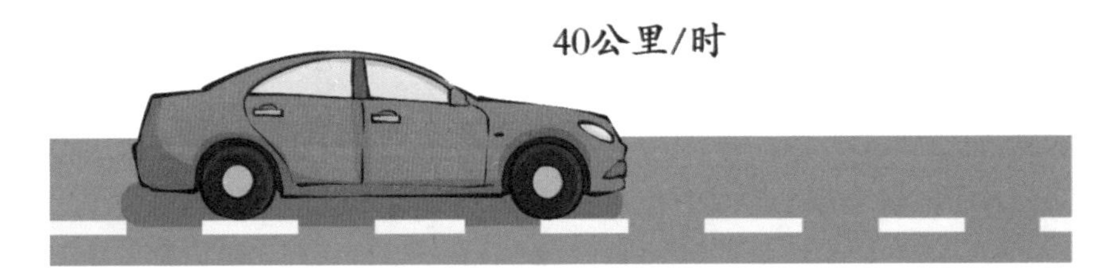

但是，我们知道了那汽车真实的速度，常常是变动的，又想要将它在一定的时间当中所走的路程计算得更精密些，就要知道许多相离很近的刹那间的速度——一串平均速度。

这样计算出来的结果，自然比前面用一小时做单位的平均速度来计算所得的要精确些。我们所取的一串平均速度，数目越多，互相隔开的时间间隔越短，所得的结果，自然也就越精确。但是，无论怎样，总不是真实的情形。

怎样解决这个问题呢？

一辆汽车在一条很直的路上行驶了一个小时，它每一刹那间的速度，我们也知道了。那么，它在一个小时内所经过的路程，究竟是怎样的呢？

第一个求近似值的方法：可以将一个小时的时间分成每5分钟一个间隔，在这十二个间隔当中，每一个间隔，我们都选一个在一刹那间的真速度。比如说在第一个间隔里，每分钟 v_1 米是它在某一刹那间的真实速度；在第二个间隔里，我们选 v_2；第三个间隔里，选 v_3……这样一直到 v_{12}。

5分钟	5分钟	5分钟	5分钟	5分钟	5分钟	5分钟	5分钟	5分钟	5分钟	5分钟	5分钟
V_1	V_2	V_3	V_4	V_5	V_6	V_7	V_8	V_9	V_{10}	V_{11}	V_{12}

这辆汽车在第一个5分钟时间内所经过的路程，和 $5v_1$ 米相近；在第二个5分钟里所经过的路程，和 $5v_2$ 米相近，以下也可以照推。

它一个小时所通过的距离，就近于经过这十二个时间间隔所走的距离的和，就是说：

$$d=5v_1+5v_2+5v_3+\cdots\cdots+5v_{12}$$

这个结果,也许恰好就是正确的,但对我们来说也没有用,因为它是不是正确的，我们没有办法去决定。一般地说来，它总是和真实的相差不少。

实际上，上面的方法虽已将时间分成了十二个间隔，但在每 5 分钟这一段里面，还是用一个速度来作平均速度。虽则这个速度在某一刹那是真实的,但它和平均速度比较起来，也许太大了或是太小了。跟着，我们所算出来的那段路也说不定会太大或太小。所以，这个算法要得出确切的结果，差得还远呢!

不过，照这个样子，我们还可以做得更精细些，无妨将 5 分钟一段的时间间隔分得更小些，比如说，一分钟一段。那么所得出来的结果，即便一样地不可靠，相差的程度总会小些。就照这样做下去，时间的间隔越分越小，我们用来做代表的速度，也就更近于那段时间中的平均速度。我们所得的结吴，跟着便更近于真实的距离。

1 分钟	1 分钟	1 分钟	1 分钟	1 分钟	1 分钟	1 分钟	1 分钟	1 分钟	1 分钟	1 分钟	1 分钟
V_1	V_2	V_3	V_4	V_5	V_6	V_7	V_8	V_9	V_{10}	V_{11}	V_{12}

除了这个方法，还有第二个求近似值的方法：假如在那一个小时的时间内，每分钟选出的一刹那间的速度是 v_1、

v_2、v_3……v_{60}，那么所经过的距离 d 便是：

$$d=v_1+v_2+v_3+\cdots\cdots+v_{60}$$

照这样继续做下去，把时间的段数越分越多，我们所得出的距离近似的程度就越来越大。这所经过的路程的值，我们总用项数逐渐增加，每次的数值逐渐近于真实，这样的许多数的和来表示。实际上，每一项都表示一个很小的时间间隔乘一个速度所得的积。

我们还得将这个方法继续讲下去，请你千万不要忘掉，和数中的各项，实际都表示那路程的一小段。

我们按照数学上惯用的假设来说：现在我们想象将时间的间隔继续分下去，一直到无限，那么，最后的时间间隔，便是一个无限小的量了，用我们以前用过的符号来表示，就是 Δt。

我们不要再找什么很小的时间间隔中的任何速度了吧，还是将以前讲过的速度的意义记起来。确实，我们能够将时间间隔无限地分下去，到无限小为止。在这一刹那的速度，依以前所说的，便是那运动所经过的路程对于时间的诱导函数。由此可见，这速度和这无限小的时间的乘积，便是一刹那间运动所经过的路程。自然这路程也是无限小的，但是将这样一个个无限小的路程加在一起，不就是一个小时内总共的真实路程了吗？不过，道理虽是这样，一说就可以明白，实际要照普通的加法去加，却无从下手。不但因为每个相加的数都是无限小的，还有这加在一起的无限小的数的数目却是无限大的。

一个小时的真实路程既然有办法得到，只要将它重用起来，无论多少小时的真实路程也就可以得到了。一般地说，我们仍然设时间是 t。

照上面看起来，对于每一个 t 的值，我们都可以得出距离 d 的值来，所以 d 便是 t 的函数，可以写成下面的样子：

$$d=f(t)$$

换句话来说，这就表示那运动的法则。

归根结底，我们所要找寻的只是将一个诱导函数还原转去的方法。从前是知道了一种运动法则，要求它的速度，现在却是由速度要反回去求它所属的运动法则。从前用过的由运动法则求速度的方法，叫作诱导函数法，所以得出来的速度也叫诱导函数。

现在我们所要找的和诱导函数法正相反的方法便叫“积分法”。所以一种运动在一段时间内所经过的距离 d，便是它的速度对于时间的“积分”。

顺着前面看下来，你大概已经明白“积分”是什么意思了。为了使我们的观念更清晰，用一般惯用的名词来说，所谓“积分”就是：“无限大的数目这般多的一些无限小的量的总和的极限。”

话虽只有一句，“的”字太多了，恐怕反而有些眉目不清吧！那么，重说一次，我们将许许多多的，简直是数不清的，一些无限小量加在一起，但这不能照平常的加法去加，所以只好换一个方法，求这个总和的极限，这极限便是所谓的“积分”。

这个一般的定义虽然也能够用到关于运动的问题上去，但我们现在还能进一步去研究它。

只需把已说过的关于速度这种函数的一些话，重复一番就好了。

设若 y 是变数 x 的一个函数，照一般的写法：

$$y=f(x)$$

对于每一个 x 的值，y 的相应值假如也知道了，那么，函数 $f(x)$ 对于 x 的积分是什么东西呢?

因为积分法就是诱导函数法的反方法，那么，要将一个函数 $f(x)$ 积分，无异于说：另外找一个函数，比如是 $F(x)$，而这个函数不可以随便拿来搪塞，$F(x)$ 的诱导函数必须恰好是函数 $f(x)$。这正和我们知道了 3 和 5 要求 8 用加法，而知道了 8 同 5 要求 3 用减法是一样的，不是吗？在代数里面，减法精密的定义就得这样："有 a 和 b 两个数，要找一个数出来，它和 b 相加就等于 a，这种方法便是减法。"

前面已经说过的积分法，我们再来做个例子。

我们先选好一段变数的间隔，比如，有了起点 O，又有 x 的任意一个数值。我们就将 O 和 x 当中的间隔分成很小很小的小间隔，一直到可以用 Δx 表示。在每一个小小的间隔里，我们随便选一个 x 的值 x_1、x_2、x_3……

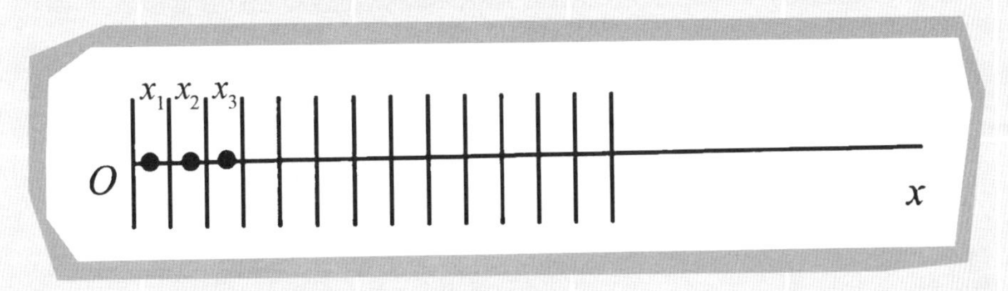

图 10

因为函数 $f(x)$ 对于 x 的每一个值都有相应的值，它相应于 x_1、x_2、x_3……的值我们可以用 $f(x_1)$、$f(x_2)$、$f(x_3)$……来表示，那么这总和就应当是：

$$f(x_1)\Delta x+f(x_2)\Delta x+f(x_3)\Delta x+\cdots\cdots$$

在这个式子里面 Δx 越小，也就是我们将 Ox 分的段数越多，它的项数跟着也就多起来，但是每项的数值却越来越小了。这样我们不是又可以得出另外一个不同的总和来了吗？

假如继续不断地照样做下去，逐次新做出来的总比前一次精确些。到了极限，这个和就等于我们要找的 $F(x)$ 了。所以积分法，就是要求一个总和。

$F(x)$ 是 $f(x)$ 的积分，掉过来 $f(x)$ 就是 $F(x)$ 的诱导函数，由前面的微分的表示法：

$$dF(x)=f(x)dx \qquad (1)$$

若把一个 S 拉长了写成“$\int$”这个样子，作为积分的符号，那么 $F(x)$ 和 $f(x)$ 的关系又可以这样表示：

$$F(x)=\int f(x)dx \qquad (2)$$

第一、第二两个式子的意义虽然不相同，但表示的两个函数的关系却是一样的，这恰好和“赵阿狗是赵阿猫的爸爸”

和“赵阿猫是赵阿狗的孩子”一样。意味呢，全然两样。但“阿狗”“阿猫”都姓赵，而且“阿狗”是爸爸，“阿猫”是孩子，这个关系，在两句话当中总是一样地包含着。

讲诱导函数的时候，先用运动来做例，再从数学上的运用去研究它。积分法，除了知道速度，去求一种运动的法则以外，还有别的用场没有呢？

10 面积的计算

将前节讲过的方法拿来运用，再没有比求矩形的面积更简单的例子了。比如有一个矩形，它的长是 a，宽是 b，它的面积便是 a 和 b 的乘积，这在算术上就讲过。像下图所表示的，长是 6，宽是 3，面积就恰好是 $3 \times 6=18$ 个方块。

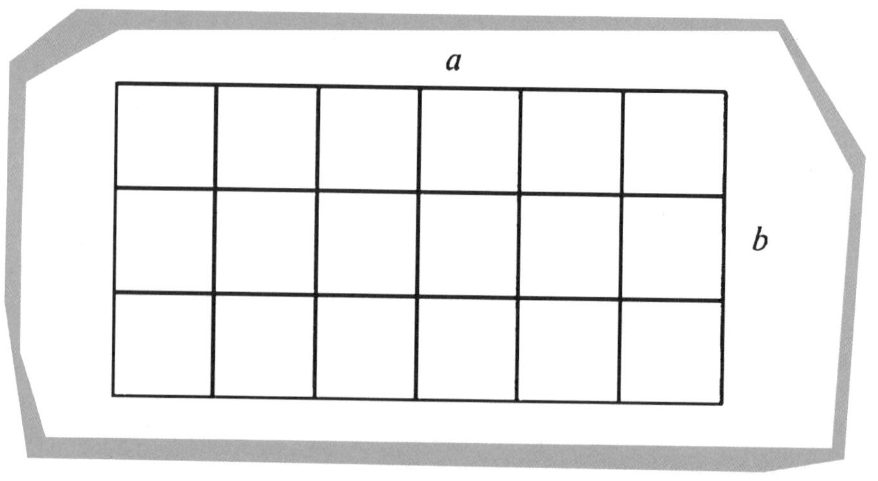

图 11

假如这矩形有一边不是直线——那自然就不能再叫它矩形——要求它的面积，也就不能按照求矩形的面积的方法这般简单。那么，我们有什么办法呢？

假使我们所要求的是下图中 $ABCD$ 线所包围着的面积，

我们知道 AB，AD 和 DC 的长，并且又知道表示 BC 曲线的函数（这样，我们就可以知道 BC 曲线上各点到 AB 线的距离），我们用什么方法，可以求出 $ABCD$ 的面积呢？

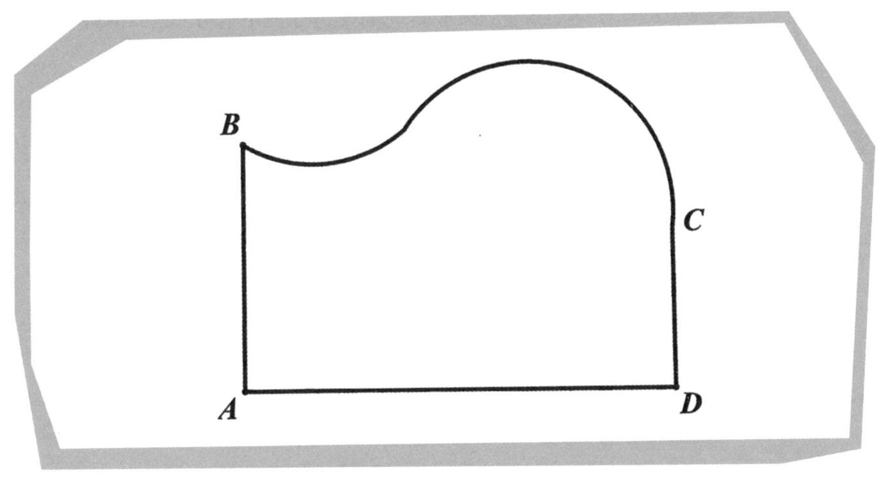

图 12

一眼看去，这问题好像非常困难，因为 BC 线非常不规则，真是有点儿不容易对付。但是，你不必着急，只要应用我们前面已说过好几次的方法，就可以迎刃而解了。一开始，无妨先找它的近似值，再连续地使这近似值渐渐地增加它的近似的程度，直到我们得到精确的值为止。

这个方法，的确非常自然。前面我们已讨论过无限小的量的计算法，又说过将一条线分了又分、一直到分到无穷的方法，这些方法就可以供我们来解决一些较复杂、较困难的问题。先从粗疏的一步入手，循序渐进，便可达到精确的一步。

第一步，简直一点儿困难都没有，因为我们所要的只是一个大概的数目。

先把 $ABCD$ 分成一些矩形，这些矩形的面积，我们自然已经会算了。

假如 S 的面积差不多等于 1、2、3、4 四个矩形的和，我们就先来算这四个矩形的面积，用它们各自的长去乘它们各自的宽。

这样一来，我们第一步所可得到的近似值，便是这样：

$$S=\underset{(1)}{AB'\times Ab}+\underset{(2)}{ab\times bd}+\underset{(3)}{cd\times df}+\underset{(4)}{fD\times CD}$$

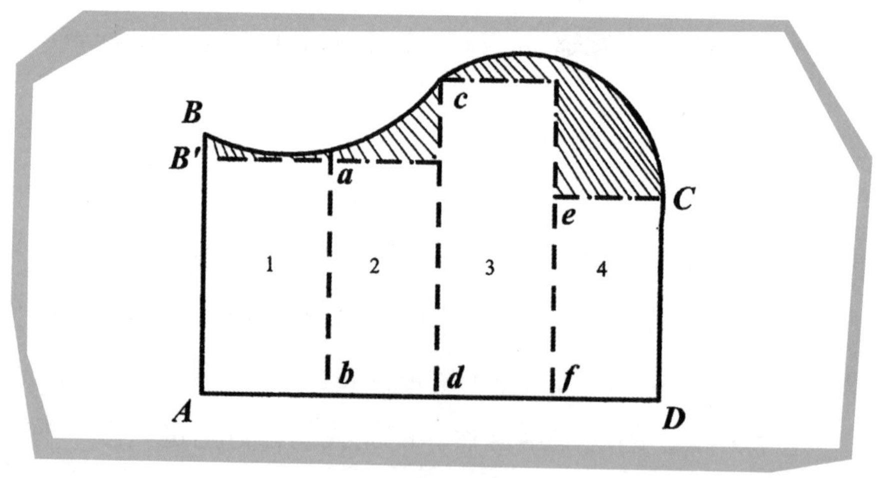

图 13

不用说，从上图一看就可知道，这样得出来的结果相差很远，S 的面积比这四个矩形的面积的和大得多。图中用了斜线画着的那四块，全都没有算在里面。

但是，这个误差，我们并不是没有一点儿办法补救的。

先记好表示 BC 曲线的函数是已经知道的，我们可以求出 BC 上面各点到直线 AD 的距离。反过来就是对于直线 AD 上的每一点，可以找出它们和 BC 曲线的距离。假如我们把 AD 看作和以前各图中的水平线 OH 一样，AB 就恰好相当于垂直线 OV。在 AD 线上的点的值，我们就可说它是 x，相应于这些点到 BC 的距离便是 y，所以 AD 上的一点 P 到 BC 的距离就是一个变数。现在我们说 AP 的距离是 x，AD 上面另外有一点 P' ，AP' 的距离是 x' ，过 P 和 P' 都画一条垂直线同 BC 相交在 p 和 p_1。pP、p_1P' 就相应地表示函数在 x 和 x' 那两点的值 y 和 y' 。

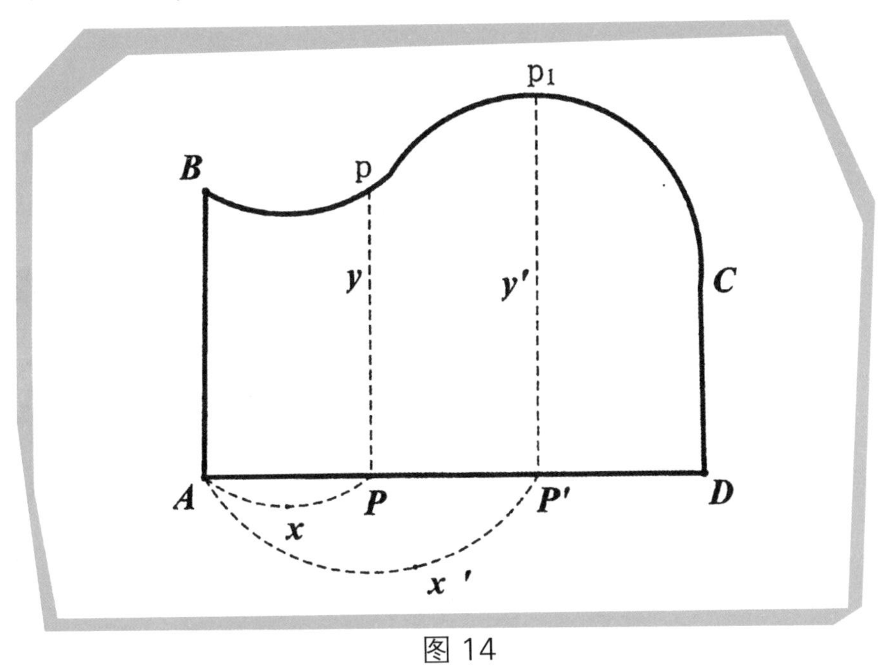

图 14

结果，无论 P 和 P' 点在 AD 上什么地方，我们都可以将 y 和 y' 找出来，所以 y 是 x 的函数，可以写成：

$$y=f(x)$$

这个函数就是 *BC* 曲线所表示的。

现在，再来求面积 *S* 的值吧！将前面的四个矩形，再分成一些数目更多的较小的矩形。由下图就可看明白，那些从曲线上画出的和 *AD* 平行的短线都比较挨近曲线；而斜纹所表示的部分也比上面的减小了。因此，用这些新的矩形的面积的和来表示所求的面积 $S=1+2+3+\cdots\cdots+12$，比前面所得的误差就小得多。

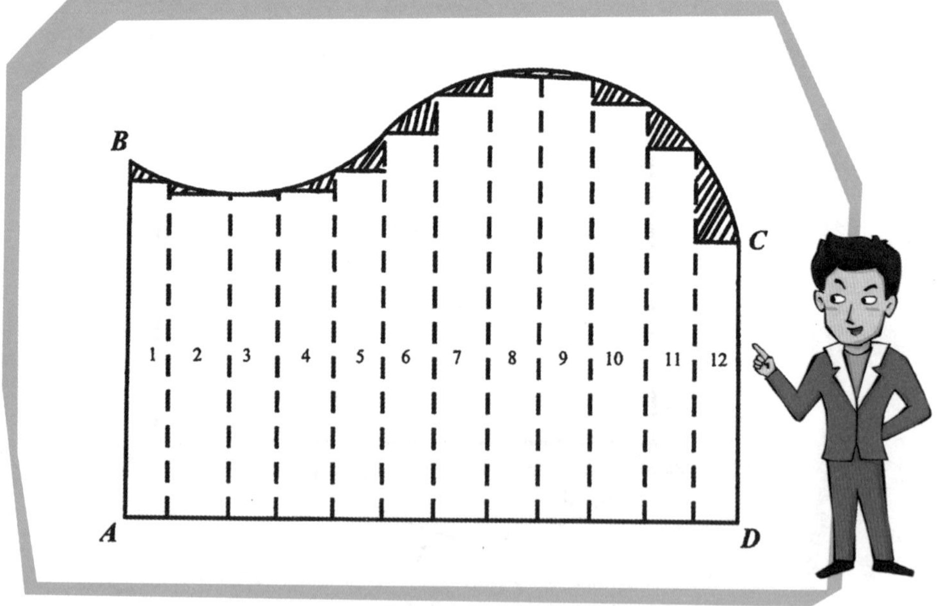

图 15

再把 *AD* 分成更小的线段，比如是 Ax_1、Ax_2、Ax_3 ……由各点到曲线 *BC* 的距离设为 y_1 、y_2、y_3 …… 这些矩形的面积就是：

$$y_1 \times x_1,\ y_2 \times (x_2 - x_1),\ y_3 \times (x_3 - x_2) \cdots\cdots$$

而总共的面积就等于这些小面积的和，所以：

$$S(\text{近似值}) = y_1 \times x_1 + y_2 \times (x_2 - x_1) + y_3 \times (x_3 - x_2) + \cdots\cdots$$

若要想得出一个精确的结果，只需继续把 AD 分得段数一次比一次多，每段的间隔一次比一次短，每次都用各个小矩形的面积的和来表示所求的面积。那么，S 和这所得的近似值，误差便越来越小了。

这样做下去，到了极限，就是说，小矩形的数目是无限多，而它们每一个的面积便是无限小，这一群小矩形的和便是真实的面积 S。

但是，所谓数目无限的一些无限小的量的和，它的极限，照前节所讲过的，就是积分。所以我们刚才所讲的例子，就是积分在几何上的运用。

所求的面积 S，就是 x 的函数 y 对 x 的积分。

换句话说，求一条曲线所切成的面积，必须计算那些连续的近似值，一直到极限，这就是所谓的积分。

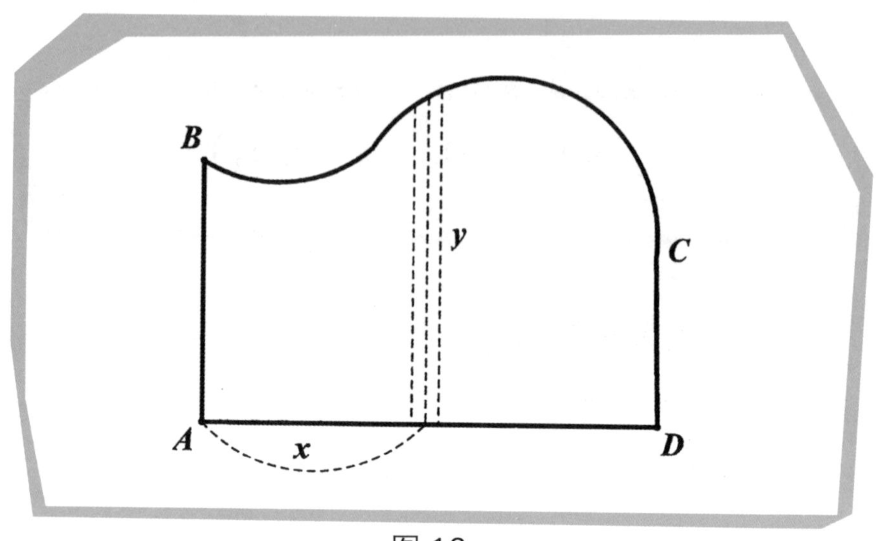

图 16

到这里，为了要说明积分的原理，我们已举了两个例子：

第一个，是说明积分法就是微分法的还原；

第二个，是表示出积分法在几何学上的意味。

将这些范围和形式都不相同的问题的解决法贯通起来，就可以明白积分法的意义，而且还可以扩张它的使用范围，不是吗？我们讲诱导函数的时候，也是一步一步地逐渐弄明白它的意义，同时也就扩张了它活动的领域。

积分法既然是它的还原法，自然也可以照做了。

比如说，前面我们只是用它来计算面积，但如果我们用它来计算体积，也一样。

我们早就知道立方柱的体积等于它的长、宽、高相乘的积，假如我们所要求的那个物体的体积有一面是曲面，我们就可以先把它分成几部分，按照求立方柱的体积的方法，将它们

的体积计算出来，然后将这几个积加在一起，这就是第一次的近似值了。和前面一样，我们可以再将各部分细化，求第二次、第三次……的近似值。这些近似值，因为越分项数越多，每项的值越小，所以近似程度就逐渐加高。到了最后，项数增到无限多，每项的值变成了无限小，这些和的极限，就是我们所求的体积，这种方法就是积分。

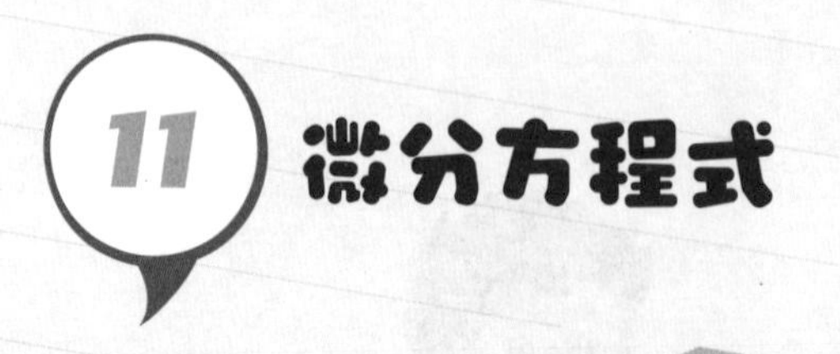

11 微分方程式

在数学的园地中，微分法这个院落从建筑起来到现在，都在尽量地扩充它的地盘，充实它的内容，它真是与时俱进，越来越繁荣。它最初的基础虽简单，现在，离开那初期的简单的模样，已不知有多远了。它从创立到现在已经是两世纪半，在这二百五十多年中，经过了不少高明工匠的苦心构思，

便成了现在的蔚然大观。

很多数学家逐渐扩展它，使它一步步一般化，所谓无限小的计算，或叫作解析数学的这一支，就变成了现在的情景：在数学中占了很广阔的地位，关于它的专门研究，以及一切的应用，也就不是一件容易弄清楚的事！

不过，要进一步去看里面的“西洋景”，这倒很难。毫不客气地说，若还像以前一样，离开许多数学符号，要想讲明白它，那简直是不可能的。因此，只好对不起，关于无限小的计算，我们可以大体讲一下，也就快收场了。但请你不要就此失望，下面所讲到的也还是一样重要。

什么是微分方程式

从我们以前讲过许多次的例子看起来，所有关于运动的问题，都要用到微分法。因为一个关于运动的问题，它所包含着的，无论已知或未知的条件，总不外是延续在某一定时间当中的空间的路程、它的速度和它的加速度，而这三个量又恰好可以由运动的法则和这个法则的诱导函数表明。

所以，知道了运动的法则，就可以求出合于这法则的速度以及加速度。现在假如我们知道一些速度以及一些加速度，并且还知道要适合于它们所必需的一些不同的条件，那么，要表明这运动，就只差找出它的运动法则了。

单只空空洞洞地说，总是不中用，仍然归到切实一点的地步吧。关于速度和加速度，彼此之间有什么条件，在数学上都是用方程式来表示，不过这种方程式和代数上所讲的普通方程式有些不同罢了。最大的不同，就是它里面包含着诱导函数这个宝贝。因此，为了和一般的方程式划分门户，我们就称它是微分方程式。

在代数中，有了一个方程式，是要去找出适合于这方程式的数值来，这个数值我们叫它是这方程式的根。

方程的根是使方程左、右两边相等的未知数的取值。

和这个情形相似，有了一个微分方程式，我们是要去找出一个适合于它的函数来。这里所谓的“适合”是什么意思呢？说明白点儿，就是比如我们找出了一个函数，将它的诱导函数的值，代进原来的微分方程式，这方程式还能成立，那就叫作适合于这个方程式。而这个被找了出来的函数，便称为这个微分方程式的积分。

代数里从一个方程式去求它的根叫作解方程式，对于微分方程式要找适合于它的函数，我们就说是将这微分方程式来积分。

还是来举一个非常简单的例子。

比如在直线上有一点在运动着，它的加速度总是一个常数，这个运动的法则怎样呢？

在这个题目里，假设用 y' 表示运动的加速度，c 代表一个一成不变的常数，那么我们就可以得到一个简单的微分方程式：

$$y'=c$$

你清楚地记得加速度就是函数的二次诱导函数，所以现在的问题，就是找出一个函数来，它的二次诱导函数恰好是c。

这里的问题自然是最容易的，前面已经说过，一种均齐变化的运动的加速度是一个常数，但是若由数字上来找这个运动的法则，那就必须要将上面的微分方程式积分。

第一次，我们将它积分得：（设变数是 t）

$$y' = ct$$

你要问这个式子怎样来的？我不再说了，你看以前的例 $y' = c$，是从一个什么式子微分来的，就可以知道。

不过在这里有个小小的问题，照以前所讲过的诱导函数法算来，下面的两个式子都可以得出同样的结果 $y' = c$，

$$y' = ct$$

$$y' = ct + a \text{（}a\text{ 也是一个常数）}$$

这两个式子恰好差了一项（一个常数），我们总是用第二个，而把第一个当成一种特殊情形（就是第二式中的 a 等于零的结果）。那么，a 究竟是什么数呢？朋友！对不起，“有人来问我，连我也不知”。我只知道它是一个常数。

这就奇怪了，我们将微分方程式积分得出来的，还是一个不完全确定的回答！但是，朋友！这算不了什么，不用大惊小怪！你在代数里面，解二次方程式时通常就会得出两个

根，若问你哪一个对，你只好说都对。倘使，你所解的二次方程式，别人还另外给你一个什么限制，你的答案有时就只能容许有一个了。同这个道理一样，倘使另外还有条件，常数 a 也可以决定是怎么一回事。上面的两个式子当中，无论哪一个也还是一个微分方程式，再将这个微分方程式积分一次，所得出来的函数，便表示我们所要找的运动法则，$y=\frac{c}{2}t^2+at+b$（b 又是一个常数）。无限小的计算，虽则我们所举过的例子都只是关于运动的，但物理的现象实在是以运动的研究做基础，所以很多物理现象，我们要去研究它们，发现它们的法则，以及将这些法则表示出来，都离不了这无限小的计算。

实际上，除了物理学外，别的科学用到它的地方也非常广阔，天文、化学，这些不用说了，就是生物学和许多社会科学，也要倚赖着它。

数学究竟是什么

在这一节里，我打算写些关于数学的总概念的话，不过我踌躇了许久，这些话写出来究竟好不好？现在虽然写了，但我并不确定写出来比不写好一些。其实呢，关于数学的园地这个题目，要动手写，要这样写，就是到了快要完结的现在，我仍然怀疑。

第一个疑问是：谁要看这样的东西？对于对数学感兴趣的朋友们，自己走到数学的园地里去观赏，无论怎样，得到的一定比看完这篇粗枝大叶的文字多。至于对于数学没趣味的朋友们，它却已经煞风景了，不是吗？假如我写的是甲男士遇到乙女士，怎样倾心，怎样拜倒，怎样追求，无论结果是好是坏，总可惹得一些人的心痒起来；倘若我写的是一位英雄的故事，他怎样热心救同胞，怎样忠于主义，怎样奋斗，无论他成功或失败，也可以引起一些人的赞赏、羡慕……数学无论如何总是叫人头痛的东西，谁会喜欢它？

第二个疑问：这样的写法，会不会反而给许多人一些似是而非的概念？

关于第一个疑问，我不想开口再说什么，只有这第二个疑问，却好像应该回应一下，这才对得起花费几个小时来看这篇文字的朋友们！

数学是什么？它究竟是什么？

真要回答这个问题吗？对不住，你若希望得到的是一个完全合于逻辑的条件的答案，我却只好敬谢不敏。说句老实话，只要有人回答得上来，我也要五体投地去请教他，而且将他的回答永远刻在我的肺腑里。那么，这里还能够说什么呢？我只想写几个别人的答案出来，这虽然不能使朋友们满意，但从它们也可以知道一点儿数学的园地的轮廓吧！

远在亚里士多德以前的一个回答，也是所有的回答当中最通俗的一个，它是这样说的：“数学是计量的科学。”

朋友，这个回答你能够满足吗？什么叫作量？怎样去计算它？假如我们说，测量和统计都是计量的科学，这大概不会有什么毛病吧！

虽然，它们的最后目的并不是只要求出一个量的关系来，但就它们的手段说，对于量的计算比较直接些。因此，到了孔德（Auguste Comte）就将它改变了一下："数学是间接计量的科学。"

他要这样加以改变，并不是为了担心和测量、统计这些相混。实在有许多量是无法直接测定或计算的，比如天空中闪动的星星的距离和大小，比如原子的距离和大小，一个大得不堪，一个小得可怜，我们这些笨脚笨手的人，是没法直接去测量它们的。

这个回答虽已进步了一点儿，它就能令我们满意吗？量是什么东西，这还是要解释的。先不去管它，我们姑且照常识的说法，给量一个定义。

不过，就是这样，到了近代，数学的园地里增加了一些稀奇古怪的建筑，它也不能包括进去了。

在那广阔的园地里面，有些新的亭楼、树立着的匾额，什么群论咧、投影几何咧、数论咧、逻辑的代数咧……这些都和量绝缘。

孔德的回答出了漏洞，于是又有许多人来加以修正，这要一个个地列举出来，当然不可能，随便举一个，即如皮尔士（Peirce）：“数学是引出必要的结论的科学。”

他的这个回答，自然包括得宽广了些，但是也还有问题，所谓“必要的结论”是一个什么玩意儿呢？这五个字这样排在一起，它的意思就非加以解释不可了。然而他究竟怎样解释法，照他的解释能不能说明数学究竟是什么，这谁也不知道。

还有，从前数学的园地里面，都只是尽量地在各个院落中增加建筑、培植花木，即或另辟院落，也是向着前面开阔的地方去动手。

近来却有些工匠异想天开地在后面背阴的地方要开辟出一条大道通到相邻的逻辑的园地去。他们努力的结果，自然已有相当的成绩，但把一座数学的园地弄得五花八门，要解释它就更困难了。最终，对于我们所期待的问题的回答，回答得越多，越“糊涂”。

罗素（Russell）更巧妙，简直像开玩笑一样，他说："Mathematics is the subject in which we never know what we are talking about nor whether what we are saying is true."

我不翻译这句话了，假如你真要我翻译，那我想这样译法："有人来问我，连我也不知。"你应该知道这两句话的来历吧！

数学究竟是什么？我想要列举出来的回答，只有这样多。不是越说越惝恍，越说越不像样了吗？

是的！虽不能简单地说明它，也就说明了它的一大半了！

研究科学的人最喜欢给他所研究的东西下一个定义，所以冠冕堂皇的科学书，翻开第一页第一行就是定义，而且这些定义也差不多有一定的形式，"某某者研究"什么什么"的科学"。用英文来讲，那便是"X is the science which Y"。

这一来，无论哪个人花了几毛钱或几块钱将那本书买到手，翻开一看非常高兴，用不了五分钟，便可将书放到箱子里去，说起那一门的东西，自己也就可以回答出它讲的是什么。

朋友！这不是什么毛病，你不要失望！假如有一门科学，已经可以给它下一个悬诸国门不能增损一字的定义，也就算完事了。这正和一个人可以被别人替他写享年几十几岁一般，即使就是享年一百二十岁，他总归已经躺在棺材里了。每天还能吃饭、睡觉的人，不能说他享年若干岁。每时每刻进步不止的科学，也没有人能说明它究竟是什么东西！越是身心健全的人，越难推定他的命运。越是发展旺盛的科学，越难有确定的定义。

不过，我们将这正面丢开暂且不谈，掉转方向探究，数学的性质好像有一点是非常特别的，就是喜欢用符号。有 0、1、2……9 十个符号，以及“+”“-”“×”“÷”“=”五个符号，便能记通常的数。计算它们，仅仅用加、减、乘、除，计算不方便。我们又画一条线来隔开两个数，说一个是分母，一个是分子，这一来就有了分数的计算。接连下去，在运算方面我们又有了比例的符号，在记数方面我们又有了方指数和根指数。关于数的记法，这还只是就算术说。到了代数，你知道的符号就更多了。到了微积分，其实也不过多几个符号而已。

数学之所以叫人头痛，大概就是这些符号在作怪。你把它看得活动，那它真活动，x在这个方程式中代表的是人的年龄，在那个方程式中就会代表乌龟的脑袋。你要把它看得呆，那它真够呆，对着它看三天三夜，x还只是x，你解不出那方程式，它不会来帮你的忙，也许还在暗中笑你蠢。

所谓数学家，依我说，就是一些能够支使符号的人物。他们写在数学书上的东西，说高深，自然是高深，真有些是不容易懂的，但假如不许他们用符号，他们就只好一筹莫展了！

所以数学这个东西，真要说得透彻些，离开了符号，简直没有办法说清楚。你初学代数的时候，总有些日子，对于 a、b、c、x、y、z 是想不通的，觉得它们和你用惯的 1、2、3、4……有些区别。自然，说它们完全一样，是有点儿靠不住的，你去买白菜，说要 x 斤，别人只好鼓起两只眼睛瞪着你。但你用惯了，做起题来，也就不会感到它们有什么差别了。

数学就是这么一回事，这篇文章里虽然尽量避去符号的运用，但只是为了那些不喜欢或是看不惯符号的朋友说一些数学的概念，所以有些非用符号不可的东西，只好不说了！

朋友！你若高兴，想在数学的园地里玩耍的话，请你多多练习使用符号的能力。

你见到一个人直立着，两手向左右平伸，不要联想到那是钉死耶稣的十字架，你就想象他的两臂恰好是水平线，他的身体恰好是垂直线。假如碰巧有一只苍蝇从他的耳边斜飞到他的手上，那更好，你就想象它是在那里运动的一点，它飞过的路线，便是一条曲线。这条曲线表示一个函数，可以求它的诱导函数，又可以求这诱导函数的诱导函数，这就是苍蝇飞行的速度和加速度了！

13 集合论

科学的进展，有一个共通且富有趣味的倾向，这就是，每一种科学诞生以后，科学家们便拼命地使它向前发展，正如大获全胜的军人遇见敌人总要穷追到山穷水尽一般。穷追的结果，自然可以得到不少战利品，但后方空虚，却也是很大的危险。一种科学发展到一定程度，要向前进取，总不如先前容易，这是从科学史上可以见到的。因为前进感到吃力，于是有些人自然而然地会疑心到它的根源上面去。这一来，就要动手考查它的基础和原理了。前节不是说过吗？在数学的园地中近来就有人在背阴的一面去开垦。

一种科学恰好和一个人一样，年轻的时候，生命力旺盛，只知道按照自己的浪漫思想往前冲，结果自然进步飞快。在这个时期谁还有那么从容的工夫去思前想后，回顾自己的来路和家属呢？一直奋勇前进，只要不碰壁绝不愿掉头。一种科学从它的几个基本原理或法则建立的时候起，科学家总是替它开辟领土，增加实力，使它光芒万丈、傲然自大。

然而，上面越阔大，下面的根基就必须越牢固，不然头重脚轻，岂不要栽跟头吗？所以，对于营造科学园地，到了一个范围较大、内容繁多的时候，建筑师们对于添造房屋就逐渐慎重、踌躇起来了。倘使没有确定它的基石牢固到什么程度，扩大的工作便不敢贸然动手。这样，开始将他们的事业转一个方向去进行：将已经做成的工作全部加以考查，把所有的原理拿来批评，将所用的论证拿来估价，仔细去证明那些用惯了的、极简单的命题。他们对于一切都怀疑，若不

是重新经过更可靠、更明确的方法证明那结果并没有差异，即使是已经被一般人所承认的，他们也不敢遽然相信。

一般来说，数学的园地里的建筑都比较稳固，但是许多工匠也开始怀疑它并从根底着手考查了。就是大家都深信不疑的已知的简单的证明，也不一定就可以毫不怀疑。因为推证的不完全或演算的错误，不免会混进一些错误到科学里面去。重新考查，确实有这个必要。

为了使科学的基础更加稳固，将已用惯的原理重新考订，这是非常重要的工作。无论是数学或别的科学，它的进展中常常会添加一些新的意义进去，而新添加的意义又大半是全凭直觉。因此有些若是严格地加以限定，就变成不可能的了。比如说，一个名词，我们在最初给它下定义的时候，总是很小心、很精密，也觉得它足够完整了。但是用来用去，它所解释的东西，不自觉地逐渐变化，结果简直和它本来的意义大相悬殊。

我来随便举一个例子，在逻辑上讲到名词的多义的时候，就一定讲出许多名词，它的意义逐渐扩大，而许多词义又逐渐缩小，只要你肯留心，随处都可找到。“墨水”，顾名思义就是把黑的墨溶在水中的一种液体，但现在我们常说红墨水、蓝墨水、紫墨水等。这样一来，墨水的意义已全然改变。对于旧日用惯的那一种词义，倒要另替它取个名字叫黑墨水。

墨本来是黑的，但事实上必须在它的前面加一个形容词“黑”，可见现在我们口中所说的“墨”，已不一定含有“黑”这个性质了。日常生活上的这种变迁，在科学上也不能避免，不过没有这么明显罢了。

其次，说到科学的法则，最初建立它的时候，我们总觉得它若不是绝对的，而是相对的，在科学上的价值就不大。但是我们真能够将一个法则拥护着，使它永远享有绝对的力量吗？所谓科学上的法则，它是根据我们所观察的或实验的结果归纳而来的。人力是有限的，哪儿能把所有的事物都观察到或实验到呢？因此，我们不曾观察到和实验到的那一部分，也许就是我们所认为绝对的法则的死对头。科学是要承认事实的，所以科学的法则，有时就有例外。

无限的意义

我们还是来举例吧！在许多科学常用的名词中，有一个名词，它的意义究竟是什么，非常不容易严密地规定，这就是所谓的“无限”。

抬起头望天空，白云的上面还有青色的云，有人问你天外是什么？你只好回答他“天外还是天，天就是大而无限的”。他若不懂，你就要回答，天的高是“无限”。暗夜看闪烁的星星挂满了天空，有人问你，它们究竟有多少颗，你也只好说“无限”。

然而，假如问你“无限”是什么意思呢？你怎样回答？你也许会这样想，就是数不清的意思。但我要和你纠缠不清了。你的眉毛数得清吗？当然是数不清的。那么你的眉毛是“无限”的吗？“无限”和“数不清”不完全一样，是不是？所以在我们平常用“无限”这个词时，确实含有一个不能理解，或者说不可思议的意思。换句话说就是超越我们的智力以上，简直是我们的精神的力量的极限。

“无限”真是一个神奇的东西，平常说话会用到它，文学、哲学上也会用到它，科学上那就更不用说了。不过，平常说话本来全靠彼此心照，不必太认真，所以马虎一点儿满不在乎。就是文学上，也没有非要给出一个精确的意思的必要。在文学作品里，十有八九是夸张，“白发三千丈”，李白的个儿究竟有多高？但是在哲学上，就因为它的意义不明，所以常常出岔子，在数学上也就时时生出矛盾来。

在数学的园地中，对于各色各样的东西，我们大都眉目很清楚，却被这“无限”征服了。站在它的面前，总免不了要头昏眼花，它是多么神秘的东西啊！

虽是这样，数学家们还是不甘屈服，总要探索一番，这里便打算大略说一说，不过请先容许我来绕一个弯儿。

总集的意义

这一节的题目是“集合论”，我们就先来说“总集”这个词在这里的意义。比如有些相同的东西或不相同的东西在一起，我们只计算它的件数，不管它们究竟是什么，这就叫它们的“总集”。比如你的衣兜里放各种大小硬币一共是二十个，这二十就称为含有二十个单元的总集。至于这单元的性质我们不必追问。又比如你在教室里坐着，有男同学、女同学和教师，比如教师是一个，女同学是五个，男同学是十四个，那么，这个教室里教师和男、女同学的总集，恰好和你衣兜里的钱的总集是一样的。

朋友！你也许正要打断我的话，向我追问了吧？这样混杂不清的数目有什用呢？是的，当你学算术的时候，你的老师一定很认真地告诉你，不是同种类的量不能加在一起，三个男士加五个女士得出八来，非男非女，又有男又有女，这是什么话？算术上总叫你处处小心，不但要注意到量要同种类，而且还要同单位才能加减。到了现在我们却不管这些了，这有什么用场呢？

它的用场吗？真是太大了！我们就要用它去窥探我们难理解的“无限”。其实，你会起那样的疑问，实在由于你太认真而又太不认真的缘故。“数”本来只是一个抽象的概念呢？我们只关注这抽象的数的概念的时候，你衣兜里的东西的总集和你教室里的人的总集，不是一样的吗？假如你衣兜里的钱，并不预备拿去买什么吃的，只用来记一个对你来说很重要的数，那么它不就够资格了吗？“二十”这个数就是含有二十个单元，而不管它们的性质，所得出来的“总集”。

数的发生可以说是由于比较，所以我们就来说“总集”的比较法。比如在这里有两个总集，一个含有十五个单元，我们用 $E15$ 表示，另外一个含有十个单元，用 $E10$ 表示。

现在来比较这两个“总集”，对于 $E10$ 当中的各个单元，

都从 $E15$ 当中取一个来和它成对，这是可以做到的，是不是？但是，假如对于 $E15$ 当中的各个单元，都从 $E10$ 当中取一个来和它成对，做到第十对，就做不下去了，只好停止了。可见，掉一个头是不可能的。在这种情形的时候，我们就说：

“$E15$ 超过 $E10$。”

或是说：

“$E15$ 包含 $E10$。”

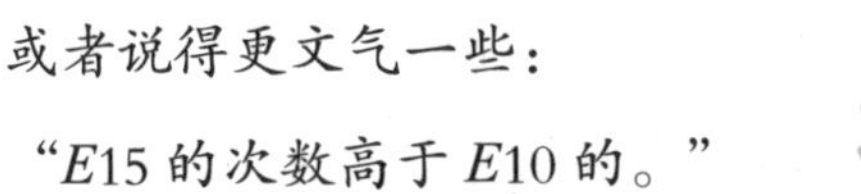

或者说得更文气一些：

“$E15$ 的次数高于 $E10$ 的。”

假如另外有两个总集 Ea 和 Eb，虽然我们“不知道 a 是什么”，也“不知道 b 是什么”，但是我们不仅能够对于 Eb 当中的每一个单元，都从 Ea 中取一个出来和它成对，而且还能够对于 Ea 当中的每一个单元都从 Eb 中取一个出来和它成对。我们就说，这两个总集的次数是一样，它们所含的单元的数相同，也就是 a 等于 b。前面不是说过你衣兜里的钱的总集和你教室里的人的总集一样吗？你可以从衣兜里将钱拿出来，分给每人一个。反过来，每个钱也能够不落空地被人拿去。这就可以说这两个总集一样，也就是你的钱的数目和你教室里的人的数目相等了。

我想，你看了这几段一定会笑得岔气的，这样简单明了的东西，还值得一提吗？不错，$E15$ 超过 $E10$，$E20$ 和 $E20$ 一样，三岁大的小孩子都知道。但是，朋友！你别忙啦！这只是用来做例，说明白我们的比较法。因为数目简单，两个总集所含单元的数，你通通都知道了，所以觉得很容易。但是这个比较法，就是对于不能够知道它所含的单元的数的也可以使用。我再来举几个通常的例子，然后回到数学的本身上去。

你在学校里，口上总常讲“师生”两个字，不用说耳朵里也常听得到。“师”的总集和“生”的总集，（不只就一个学校说）就不一样。古往今来，“师”的“总集”和“生”的“总集”是什么，没有人回答得出来。然而我们可以想得到，每一个“师”都给他一个“生”要他完全负责任这是可能的。但若要替每一个“生”都找一个专一只对他负责任的“师”，那就不可能了，所以这两个总集不一样。因此，我们就可以

说“生”的总集的次数高于“师”的总集的。再举个例子，比如父和子，比如长兄和弟弟，又比如伟人和平民，这些两个两个的总集都不一样。要找一个总集相等的例子，那就是夫妻俩，虽然我们并不知道全世界有多少个丈夫和多少个妻子，但有资格被称为丈夫的必须有一个妻子伴着他。反过来，有资格被人称为妻子的，也必须有一个丈夫伴着她。所以无论从哪一边说，“一对一”的关系都能成立。

无限总集

好了！来说数学上的话，来讲关于“无限”的话。

我们来想象一个总集，含有无限个单元，比如整数的总集：

1，2，3，4，5……n，（n+1）……

这是非常明白的，它的次数比一切含有有限个数单元的总集都高。我们现在要紧的是将它和别的无限总集比较，就用偶数的总集吧：

2，4，6，8，10……2n，（2n+2）……

这就有些趣味了。照我们平常的想法，偶数只占全整数的一半，所以整数的无限总集当然比偶数的无限总集次数要高些，不是吗？十个连续整数中，只有五个偶数，一百个连续整数中也不过五十个偶数，就是一万个连续整数中也还不过五千个偶数，总归只有一半。所以要成“一对一”的关系，似乎有一面是不可能的。然而，你错了，你不能单凭有限的数目去想，我们现在是在比较两个无限的总集呀！“无限”总有些奇怪！我们试将它们一个对一个地排成两行：

$1, 2, 3, 4, 5 \cdots\cdots n, (n+1) \cdots\cdots$

$2, 4, 6, 8, 10 \cdots\cdots 2n, (2n+2) \cdots\cdots$

因为两个都是“无限”的缘故，我们自然不能把它们通通都写出来。但是我们可以看出来，第一行有一个数，只要用 2 去乘它就得出第二行中和它相对的数来。掉一个头，第二行中有一个数，只要用 2 去除它，也就得出第一行中和它相对的数来。这个“一对一”的关系不是无论用哪一行做基础都可能吗？那么，我们有什么权利来说这两个无限总集不一样呢？

整数的无限总集，因为它是无限总集中最容易理解的一个，又因为它可以由我们一个一个地列举出来（由于永远举不尽），所以我们替它取一个名字叫“可枚举的总集”。

我们常常用它来做无限总集比较的标准，凡是次数和它相同的无限总集，都是“可枚举的无限总集”——单凭直觉也可以断定，整数的无限总集在所有的无限总集当中是次数最低的一个，它可以被我们用来做比较的标准，也就是这个缘故。

在无限总集当中，究竟有没有次数比这个“可枚举的无限总集”更高的呢？我可以很爽快地回答你一个“有”字。不但有，而且想要多少就有多少。从这个回答中，我们对于“无限”算是有些认识了，不像以前一样模糊了。这个回答，我供认不讳地说，也是听来的。康托尔（Cantor）是最初提出它来的，在数学界中，他是值得我们崇敬的人物，他所创设的集合论，不但在近代数学中占了很珍贵的几页，还开辟了数学进展的一条新路径，使人不得不对他铭感五内！

人间的事，说来总有些奇怪，无论什么，不经人道破，大家便很懵懂。一旦有人凿穿，顿时人人都恍然大悟了。在康托尔以前，我们只觉得无限就是无限，吾生也有涯（人生是有限的），弄不清楚它就算了。但现在想起来，实在有些可笑，无须什么证明，我们有些时候也能够感觉到，无限总集是可以不相同的。

又来举个例子：比如前面我们用来决定点的位置的直线，从 O 点起，尽管伸张出去，它所包含的点就是一个无限总集。随便想去，我们就会觉得它的次数要比整数的无限总集的高，而从别的方面证明起来，也验证了我们的直觉并没有错。这样说来，我们的直觉很值得信赖。但是，朋友！你不要太乐观呀，在有些时候，纯粹的直觉就会叫你上当的。

你不相信吗？比如有一个正方形，它的一边是 AB。我问你，整个正方形内的点的总集，是不是比单只一边 AB 上的点的总集的次数要高些呢？凭我们的直觉，总要给它一个肯定的回答，但这你上当了，仔细去证明，它们俩的次数恰好相等。

总结以上的话，你记好下面的基本的定理：

“若是有了一个无限总集，我们总能够做出一个次数比它高的来。”要证明这个定理，我们就用整数的总集来做基础，那么，所有可枚举的无限总集也就不用再证明了。为了说明简单些，我只随意再用一个总集。

局部总集

照前面说过的，整数的总集是这样：1，2，3，4，5……n，（$n+1$）……

就用 E 代表它。

凡是用 E 当中的单元所做成的总集，无论所含的单元的数有限或无限，都称它们为 E 的“局部总集”，所以：

17，25，31

2，5，8，11……$2+3(n-1)$……

1，4，9，16……n^2……

这些都是 E 的局部总集，我们用 P_n 来代表它们。

第一步，凡是用 E 的单元能够做成的局部总集，我们都将它们做尽。

第二步，我们就来做一个新的总集 C，C 的每一个单元都是 E 的一个局部总集 P_n，而且所有 E 的局部总集全都包含在里面。这样一来，C 便成了 E 的一切局部总集的总集。

你把上面的条件记清楚，我们已来到要证明的重要地步了。我们要证明 C 的次数比第一个总集 E 的高。因此，还要重复说一次，比较两个总集的法则，你也务必将它记好。

我们必须要对于 E 的每一个单元都能从 C 当中取一个出来和它成对。实际上只要依下面的方法配合就够了：

1, 2, 3 ……n ……（E）

(1, 2)(2, 3)(3, 4) ……（n, n+1）……（C 的一部分）

从这样的配合法中可以看出来，第二行只用到 C 单元的一部分，所以 C 的次数或是比 E 的高或是和 E 的相等。

我们能不能转过头来，对于 C 当中的每一个单元都从 E 当中取出一个和它成对呢？

假如能做到，那么 E 和 C 的次数是相等的。

假如不能做到，那么 C 的次数就高于 E 的。

我们无妨就假定能够做到，看会不会碰钉子！

算这种配合法的方法是有的，我们随便一对一对地将它们配合起来，写成下面的样子：

$$P_1，P_2，P_3\cdots\cdots P_n\cdots\cdots（C）$$

$$1，2，3\cdots\cdots n\cdots\cdots（E）$$

单就这两行看，第一行是所有的局部总集，就是所有 C 的单元都来了（因为我们要这样做）。第二行却说不定，也许是一切的整数都有，也许只有一部分。因为我们是对着第一行的单元取出来的，究竟取完了没有还说不定。

这回，我们来一对一地检查一下，先从 P_1 和它的对儿 1 起。因为 P_1 是 E 的局部总集，所以包含的是一些整数，现在 P_1 和 1 的关系就有两种：

一种是 $P1$ 里面有 1，一种是 $P1$ 里面没有 1。假如 $P1$ 里面没有 1，我们将它放在一边。跟着来看 $P2$ 和 2 这一对，假如 $P2$ 里就有 2，我们就把它留着。照这样一直检查下去，把所有的 Pn 都检查完，凡是遇见整数 n 不在它的对儿当中的，都放在一边。

这些检查后另外放在一边的整数，我们又可做成一个整数的总集。朋友！这点你却要注意，一点儿马虎不得！我们检查的时候，因为有些整数它的对儿里面已有了，所以没有放出来。由此可见，我们新做成的整数总集不过包含整数的一部分，所以它也是 E 的局部总集。但是我们前面说过，C 的单元是 E 的局部总集，而且所有 E 的局部总集全部包含在 C 里面了，所以这个新的局部总集也应当是 C 的一个单元。用 P_t 来代表这个新的总集，P_t 就应当是第一行 P_n 当中的一个，因为第一行是所有的单元都排在那儿的。

既然 P_t 已经应当站在第一行里了，就应当有一个整数或是说 E 的一个单元来和它成对。

假定和 P_t 成对的整数是 t。

朋友！糟了！这就碰钉子了！你若还要硬撑场面，那么再做下去。

在这里我们又有两种可能的情况：

第一种：t 是 Pt 的一部分，但是这回真碰钉子了。Pt 所包含的单元是在第一行中成对儿的单元所不包含在里面的整数，而 Pt 自己就是第一行的一个单元，这不是矛盾了吗？所以 t 不应当是 Pt 的一部分，这就到了下面的情况。

第二种：t 不是 Pt 的一部分，这有可能把钉子避开吗？不行，不行，还是不行。Pt 是第一行的一个单元，t 和它相对又不包含在里面，我们检查的时候，就把它放在一边了。朋友，你看，这多么糟！既然 t 被我们检查的时候放在了一边，而 Pt 就是这些被放在一边的整数的总集结果，t 就应当是 Pt 的一部分。

这多么糟！照第一种说法，t 是 P_t 的一部分，不行；照

第二种说法 t 不是 P_t 的一部分也不行。说来说去都不行，只好回头了。在 E 的单元当中，就没有和 C 的单元 P_t 成对的。朋友，你还得注意，我们将两行的单元配对，原来是随意的，所以要是不承认 E 的单元里面没有和 P_t 配对的，这种钉子无论怎样我们都得碰。

第一次将 E 和 C 比较，已知道 C 的次数必是高于 E 的或等于 E 的。现在比较下来，E 的次数不能和 C 的相等，所以我们说 C 的次数高于 E 的。

归到最后的结果，就是我们前面所说的定理已证明了，有一个无限总集，我们就可做出次数高于它的无限总集来。

无限总集的理论，也有一个无限的广场展开在它的面前！

我们常常都能够比较这一个和那一个无限总集的次数吗？

我们能够将无限总集照它们次数的顺序排列吗？

所有这一类的难题目以及其他关于“无限”的问题，都还没有在这个理论当中占有地盘。不过这个理论既然已经具有相当的基础，又逐渐往前进展，这些问题总有解决的一天，毕竟现在我们对于“无限”不会像从前一样感到惊奇不可思议了！

附录

数学常用公式

平面图形周长、面积计算公式

图形名称	图形	计算公式
长方形	b a	周长=（长+宽）×2 $C=(a+b)\times 2$ 面积=长×宽 $S=a\times b$
正方形	a	周长=边长×4 $C=4a$ 面积=边长×边长 $S=a\times a$
三角形	h a	面积=底×高÷2 $S=ah\div 2$
平行四边形	h a	面积=底×高 $S=ah$
梯形	b h a	面积=（上底+下底）×高÷2 $S=(a+b)h\div 2$
圆形	d r	周长=圆周率×直径 $d=2r$ 周长=圆周率×半径×2 $C=\pi d=2\pi r$ 面积=圆周率×半径×半径 $S=\pi r^2$

立体图形表面积、体积计算公式

图形名称	图形	计算公式
长方体	h a b	表面积=（长×宽+长×高+高×宽）×2 $S=2(ab+ah+bh)$ 体积=长×宽×高 $V=abh$
正方体	a a a	表面积=边长×边长×6 $S=6a^2$ 体积=棱长×棱长×棱长 $V=aaa$
圆柱	h	表面积=侧面积+底面积×2 S表$=S$侧$+2S$底 侧面积=底面周长×高 S侧$=2\pi rh$ 体积=底面积×高 $V=Sh$
圆锥	h	体积$=\frac{1}{3}$×底面积×高 $V=\frac{1}{3}Sh$

三角形内角和等于 180°（任意三角形）

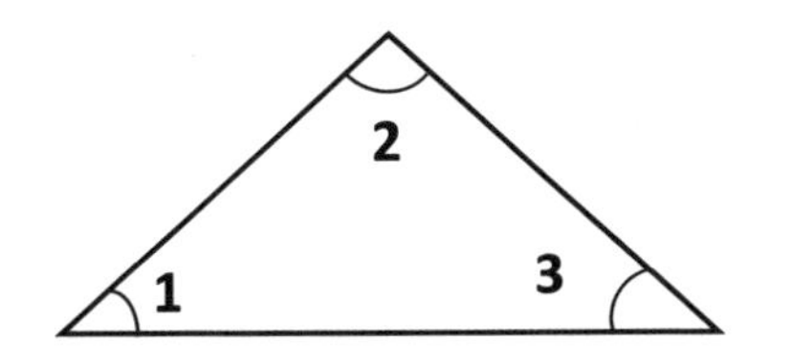

$\angle 1+\angle 2+\angle 3=180°$

数图形方法归纳

名称	图形	方法
数线段	 1 2 3 4	1+2+3+4=10
数角	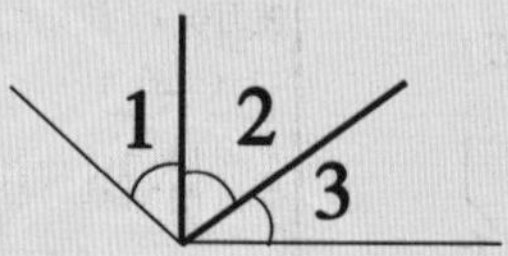 1 2 3	1+2+3=6
数长方形	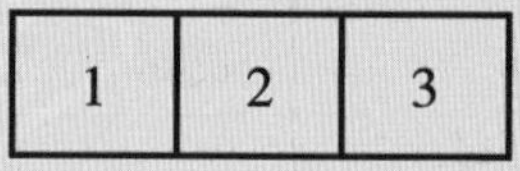 1 2 3	1+2+3=6
数三角形	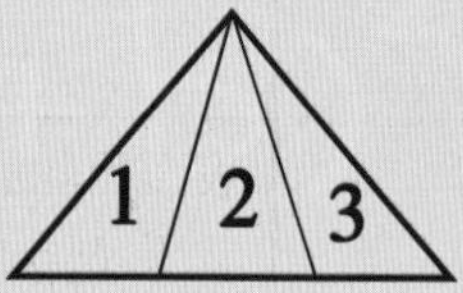 1 2 3	1+2+3=6
数梯形	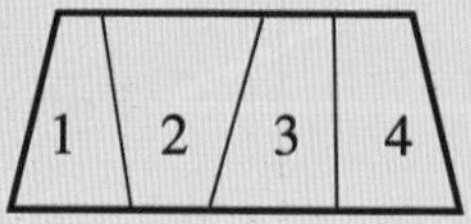 1 2 3 4	1+2+3+4=10
数多层三角形	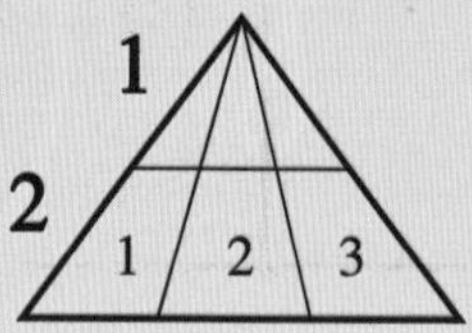 1 2 1 2 3	（1+2+3）×2=12
数多层长方形	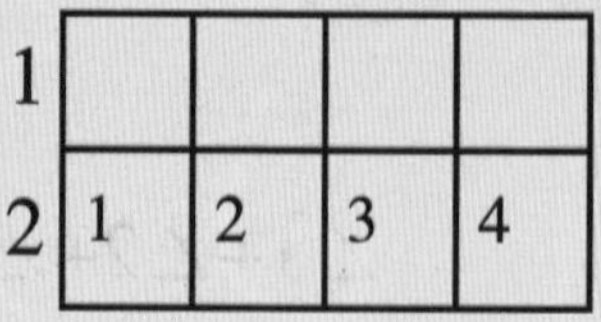 1 2 1 2 3 4	（1+2）×（1+2+3+4）=30

单位换算

距离单位换算

1 公里=1 千米

1 千米=1000 米

1 米=10 分米

1 分米=10 厘米

1 厘米=10 毫米

面积单位换算

1 平方米=100 平方分米

1 平方分米=100 平方厘米

1 平方厘米=100 平方毫米

1 公顷=10000 平方米

1 平方千米=100 公顷

1 亩=666.666 平方米

体积单位换算

1 立方米=1000 立方分米

1 立方分米=1000 立方厘米

1 立方厘米=1000 立方毫米

1 升=1 立方分米=1000 毫升

1 毫升=1 立方厘米

重量、货币、时间单位换算

1 吨=1000 千克

1 千克=1000 克=1 公斤=2 市斤

1 元=10 角=100 分

1 年=12 月　　一天=24 小时

1 小时=60 分钟

1 分钟=60 秒

小学数学运算定律

①加法交换律：$a+b=b+a$

②加法结合律：$(a+b)+c=a+(b+c)$

③乘法交换律：$a\times b=b\times a$

④乘法结合律：$(a\times b)\times c=a\times(b\times c)$

⑤乘法分配律：$(a\times b)\times c=a\times c+b\times c$

⑥减法的运算定律：$a-b-c=a-(b+c)$

⑦除法的运算定律：$a\div b\div c=a\div(b\times c)$

常见等量关系计算公式

数量关系

每份数×份数=总数

总数÷每份数=份数

总数÷份数=每份数

倍数关系

1倍数×倍数=几倍数

几倍数÷1倍数=倍数

几倍数÷倍数=1倍数

路程关系

速度×时间=路程

路程÷时间=速度

路程÷速度=时间

价格关系

单价×数量=总价

总价÷单价=数量

总价÷数量=单价

工效问题

效率×时间=总量

总量÷效率=时间

总量÷时间=效率

运算关系

加数+加数=和

被减数-减数=差

因数×因数=积

被除数÷除数=商

典型应用问题

和差问

（和+差）÷2=大数

（和−差）÷2=小数

和倍问题

和÷（倍数−1）=小数

小数×倍数=大数

差倍问题

差÷（倍数−1）=小数

小数×倍数=大数

相遇问题

相遇路程=速度和×相遇时间

相遇时间=相遇路程÷速度和

速度和=相遇路程÷相遇时间

追及问题

追及距离=速度差×追及时间

追及时间=追及距离÷速度差

速度差=追及距离÷追及时间

流水问题

顺流速度=静水速度+水流速度

逆流速度=静水速度−水流速度

静水速度=（顺流速度+逆流速度）÷2

水流速度=（顺流速度−逆流速度）÷2

浓度问题

溶液重量=溶质重量+溶剂重量

浓度=溶质重量÷溶液重量×100%

溶质重量=溶液重量×浓度

溶液重量=溶质重量÷浓度

典型应用问题

盈亏问题

(盈+亏)÷两次分配量之差=参加分配的份数

(大盈-小盈)÷两次分配量之差=参加分配的份数

(大亏-小亏)÷两次分配量之差=参加分配的份数

利润与折扣问题

利润=售出价-成本

利润率=利润÷成本×100%

利润率=(售出价÷成本-1)×100%

涨跌金额=本金×涨跌百分比

折扣=实际售价÷原售价×100%

列车过桥问题

过桥时间=(桥长+列车长)÷速度

速度=(桥长+列车长)÷过桥时间

桥、车长度之和=速度×过桥时间

分数的加、减法则

同分母的分数相加减，只把分子相加减，分母不变。

$$\frac{b}{a} \pm \frac{c}{a} = \frac{b \pm c}{a}$$

异分母的分数相加减，先通分，然后再加减。

$$\frac{b}{a} \pm \frac{d}{c} = \frac{bc}{ac} \pm \frac{ad}{ac} = \frac{bc \pm ad}{ac}$$

分数的乘除法则

乘法法则：分子分母分别相乘，用分子的积做分子，用分母的积做分母。

$$\frac{b}{a} \times \frac{d}{c} = \frac{bd}{ac}$$

除法法则：除以一个数等于乘以这个数的倒数（分子分母交换位置）。

$$\frac{b}{a} \div \frac{d}{c} = \frac{b}{a} \times \frac{c}{d} = \frac{bc}{ad}$$

数的概念

◆整数

1. 整数的意义

自然数和 0 都是整数。

2. 自然数

我们在数物体的时候，用来表示物体个数的 1，2，3……叫作自然数。一个物体也没有，用 0 表示。0 也是自然数。

3. 计数单位

一（个）、十、百、千、万、十万、百万、千万、亿……都是计数单位。其中“一”是计数的基本单位。10 个 1 是 10，10 个 10 是 100……每相邻两个计数单位之间的进率都是 10。这样的计数法叫作十进制计数法。

4. 数位

计数单位按照一定的顺序排列起来，它们所占的位置叫作数位。

数的性质和规律

（一）商不变的规律

商不变的规律：在除法里，被除数和除数同时扩大或者同时缩小相同的倍，商不变。

（二）小数的性质

小数的性质：在小数的末尾添上零或者去掉零小数的大小不变。

（三）小数点位置的移动引起小数大小的变化

1. 小数点向右移动一位，原来的数就扩大 10 倍；小数点向右移动两位，原来的数就扩大 100 倍；小数点向右移动三位，原来的数就扩大 1000 倍……

2. 小数点向左移动一位，原来的数就缩小 10 倍；小数点向左移动两位，原来的数就缩小 100 倍；小数点向左移动三位，原来的数就缩小 1000 倍……

3. 小数点向左移或者向右移位数不够时，要用“0”补足位。

（四）分数的基本性质

分数的基本性质：分数的分子和分母都乘以或者除以相同的数（零除外），分数的大小不变。

（五）分数与除法的关系

1. 被除数 ÷ 除数 = 被除数 / 除数

2. 因为零不能作除数，所以分数的分母不能为零。

3. 被除数相当于分子，除数相当于分母。

四则运算

1. 加法交换律：两数相加交换加数的位置，和不变。

2. 加法结合律：三个数相加，先把前两个数相加，或先把后两个数相加，再同第 三个数相加，和不变。

3. 乘法交换律：两数相乘，交换因数的位置，积不变。

4. 乘法结合律：三个数相乘，先把前两个数相乘，或先把后两个数相乘，再和第三个数相乘，它们的积不变。

5. 乘法分配律：两个数的和同一个数相乘，可以把两个加数分别同这个数相乘，再把两个积相加，结果不变。如：$(2+4)\times 5=2\times 5+4\times 5$。

6. 除法的性质：在除法里，被除数和除数同时扩大（或缩小）相同的倍数，商不变。0除以任何不是0的数都得0。

7. 等式：等号左边的数值与等号右边的数值相等的式子叫作等式。等式的基本性质：等式两边同时乘以（或除以）一个相同的数，等式仍然成立。

8. 方程式：含有未知数的等式叫方程式。

9. 一元一次方程式：含有一个未知数，并且未知数的次数是一次的等式叫作一元一次方程式。

10. 分数：把单位“1"平均分成若干份，表示这样的一份或几分的数，叫作分数。

11. 分数的加减法则：同分母的分数相加减，只把分子相加减，分母不变。异分母的分数相加减，先通分，然后再加减。

12. 分数大小的比较：同分母的分数相比较，分子大的大，分子小的小。异分母的分数相比较，先通分然后再比较；若分子相同，分母大的反而小。

13. 分数乘整数，用分数的分子和整数相乘的积作分子，分母不变。

14. 分数乘分数，用分子相乘的积作分子，分母相乘的积作为分母。

15. 分数除以整数（0 除外），等于分数乘以这个整数的倒数。

16. 真分数：分子比分母小的分数叫作真分数。

17. 假分数：分子比分母大或者分子和分母相等的分数叫作假分数。假分数大于或等于 1。

18. 带分数：把假分数写成整数和真分数的形式，叫作带分数。

19. 分数的基本性质：分数的分子和分母同时乘以或除以同一个数（0 除外），分数的大小不变。

20. 一个数除以分数，等于这个数乘以分数的倒数。

21. 甲数除以乙数（0 除外），等于甲数乘以乙数的倒数。